DK
太空创想
实验室

英国DK公司◎编著　吴宁◎译

湖南少年儿童出版社
HUNAN JUVENILE & CHILDREN'S PUBLISHING HOUSE

小博集
BOOKY KIDS

·长沙·

DK | Penguin Random House

Original Title: Space Activity Lab: Exciting Space Projects for Budding Astronomers
Copyright © Dorling Kindersley Limited, 2023
A Penguin Random House Company

著作权合同登记号：字18-2024-306
审图号：GS（2025）1595号

图书在版编目（CIP）数据

DK太空创想实验室 / 英国DK公司编著；吴宁译.
长沙：湖南少年儿童出版社，2025. 5. -- ISBN 978-7-5562-8229-6

Ⅰ. P159-49

中国国家版本馆CIP数据核字第20259P9L83号

DK TAIKONG CHUANGXIANG SHIYANSHI
DK 太空创想实验室

英国DK公司◎编著 吴宁◎译

责任编辑：周 凌 李 炜　　　　　策划出品：李 炜 张苗苗
策划编辑：盖 野　　　　　　　　特约编辑：王静岚
营销编辑：付 佳 杨 朔 刘子嘉　　装帧设计：马俊赢
版权支持：张雪珂

出 版 人：刘星保
出　　版：湖南少年儿童出版社
地　　址：湖南省长沙市晚报大道89号
邮　　编：410016
电　　话：0731-82196320
常年法律顾问：湖南崇民律师事务所 柳成柱律师
经　　销：新华书店
开　　本：889 mm×1194 mm 1/16
印　　刷：北京顶佳世纪印刷有限公司
字　　数：289 千字
印　　张：10
版　　次：2025 年 5 月第1版
印　　次：2025 年 5 月第1次印刷
书　　号：ISBN 978-7-5562-8229-6
定　　价：98.00 元

若有质量问题，请致电质量监督电话：010-59096394
团购电话：010-59320018

FSC 混合产品 纸张 | 支持负责任林业 FSC® C018179
www.fsc.org

www.dk.com

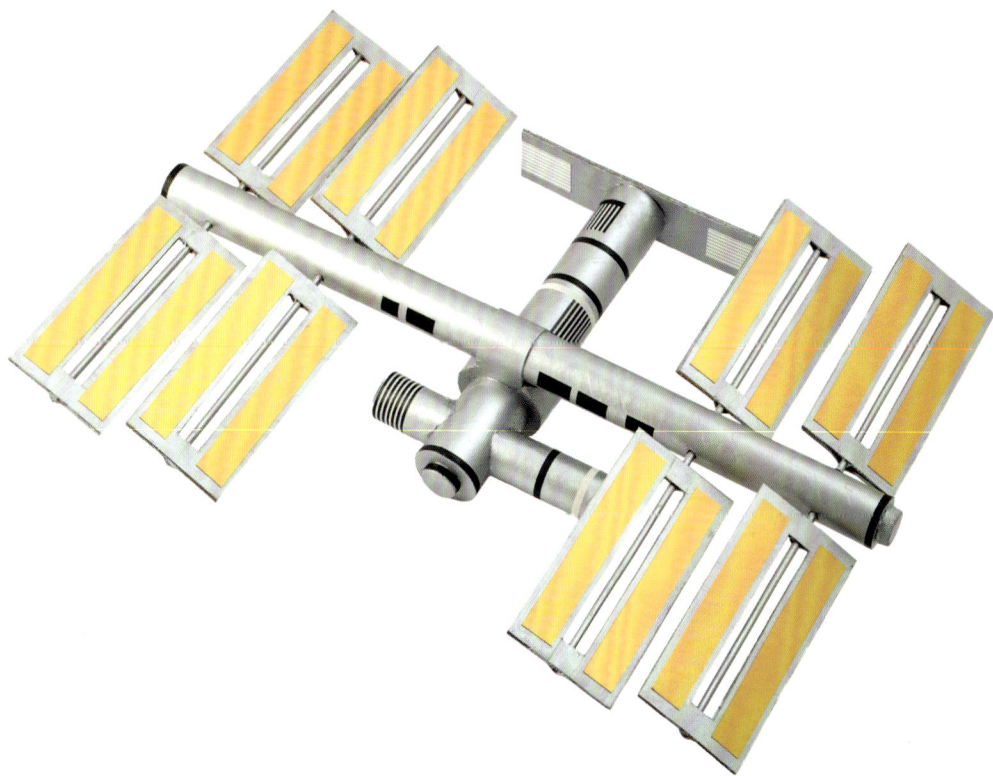

目录

STEAM知识

这个符号提醒读者注意理解项目背后的科学、技术、工程学、艺术或数学原理。

太空知识

这个符号表示有关太空和太空探索的知识。

安全提示

这个符号表示该项目必须在成年人的监督下进行，务必注意安全，防止受伤。

关于胶水的说明

本书中的一些项目需要使用胶水。建议使用普通的白乳胶或胶棒，但是在某些情况下，使用干得更快的热熔胶枪会更方便。热熔胶枪只能由成年人使用，使用时必须严格遵守使用说明。

关于脏乱的说明

有些项目可能比较脏乱，尤其是涉及纸浆的项目，因此需要提前询问成年人你可以将工作台设置在哪里。

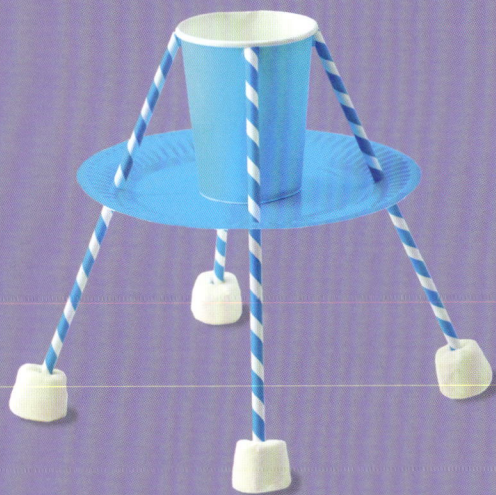

漫游太阳系

　　我们的地球是太阳系中的8颗行星之一。这8颗行星都围绕着一颗明亮的恒星运动，那就是我们的太阳。本章将帮助你探索如何从地球上观察行星、星系、恒星和星座。你将了解太阳的能量，学习预测月相，以及轨道、引力和日食的原理。你还将了解地球的各个地层，以及从太空坠落到地球上的陨石。

日晷

　　地球每天自转一周，物体投射的阴影也在太阳光下随着地球的移动而移动。让我们一起来做一个日晷吧！你将在日晷的晷面标出小时刻度。当阳光照射在日晷上时，晷针就会在晷面上投下一个影子。观察影子与哪个刻度重合，你就知道现在几点了。

测量太阳时

　　太阳在天空中不断变化的位置可以被用来测量所谓的"地方太阳时"。日晷利用太阳光下晷针投射的阴影来跟踪太阳的位置。

这个三角形是日晷的晷针，它的斜边在晷面上的投影可以指出现在的时间。

在同一地点和同一时刻，晷针斜边投射的阴影都会落在同一个位置。

随着天空中太阳位置的变化，阴影也在移动。

用指南针校准晷针的方向，让它指向南极或北极。

如何制作
日晷

制作这个简单的纸板日晷并不需要很长时间，但是你需要找一个阳光灿烂的日子，看着阴影随时间的流逝而移动，在日晷上标记从早到晚每小时阴影的位置。

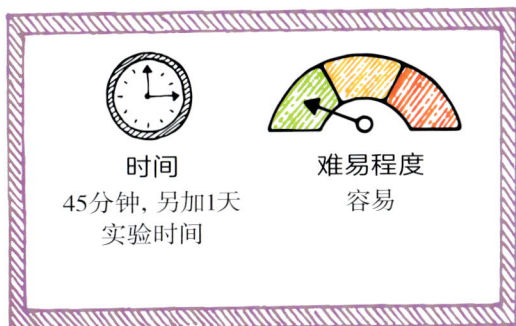

时间	难易程度
45分钟，另加1天实验时间	容易

所需材料与工具

直尺

硬纸板　　铅笔

画笔

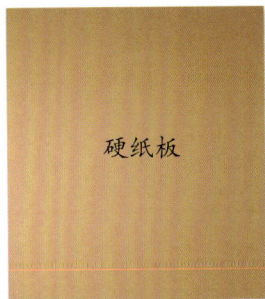
量角器　　圆规　　白乳胶

橡皮泥

剪刀

记号笔　　指南针　　闹钟

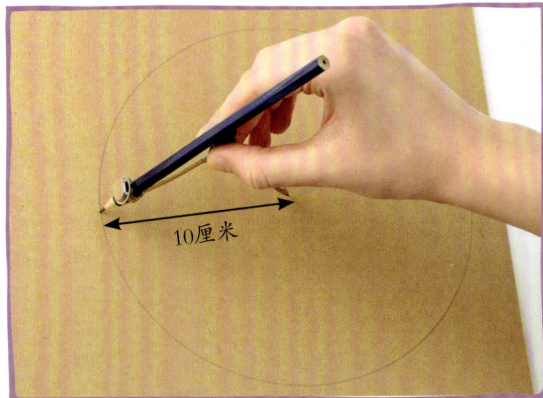

1 现在制作晷面。将圆规的半径设置为10厘米，在硬纸板上画一个圆，然后将圆剪下来。用同样的方法再制作两个相同大小的圆。

2 在其中一个圆的内部，以圆心为中点，用圆规画一个半径为7厘米的内圆。

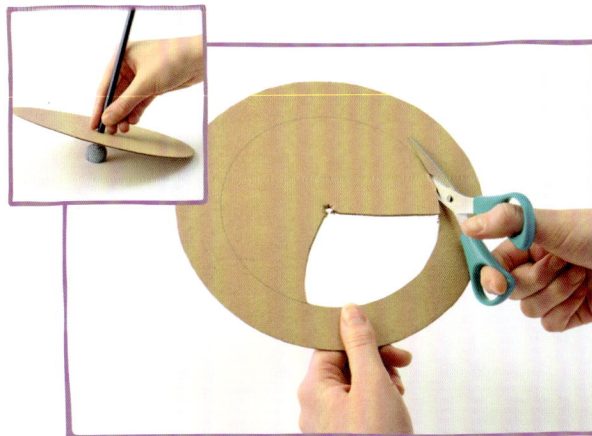

3 剪下内圆时，先用铅笔在内圆上扎一个孔（在背面垫橡皮泥以保护桌面），然后将剪刀插入孔中，沿着内圆的圆周剪下内圆，这样就得到了一个圆环。

在中间的线段两侧画平行线，以便剪一条槽来安装晷针。

4 取另一个圆，画一条穿过圆心的直线。在直线上距离一端4.5厘米和13.5厘米的地方分别做标记。在两个标记构成的线段两侧2毫米处分别添加一条线段，与该线段平行。

5 再次拿出橡皮泥和铅笔，小心地用铅笔在上一步中画的两条平行线之间扎一个孔，然后沿着平行线剪开，剪出一条宽4毫米、长9厘米的槽。

6 取一张长方形硬纸板来制作三角形的晷针。在距离硬纸板任意一边的9厘米处画一条与那条边平行的直线a，再在距离邻边2厘米处画一条与直线a垂直的直线b。

笔尖所指的量角器角度取决于你所在地的纬度（参见下面的"你在哪里？"）。

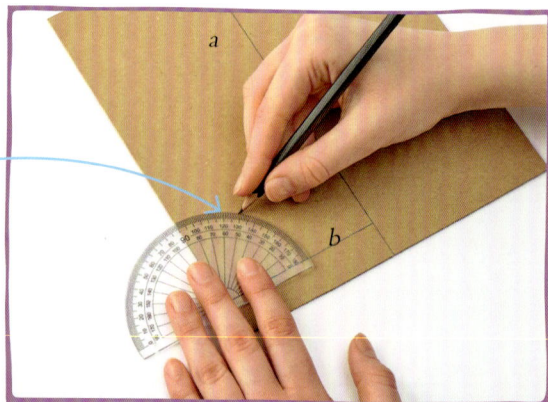

7 先在地图上找出你所在地的纬度，然后从直线b与硬纸板边缘的交点开始，以你所在地的纬度为角度，画一条与直线a相交的斜线。

你在哪里？

为了投射出正确的阴影，日晷的晷针要向地球的北极或南极（取决于你距离哪里更近）倾斜，倾斜的角度必须与你所在地的纬度相同。赤道的纬度为0°，南极和北极的纬度分别为南纬90°和北纬90°。请成年人帮忙在地图上找到你所在地的纬度，并将这个角度作为晷针倾斜的角度。

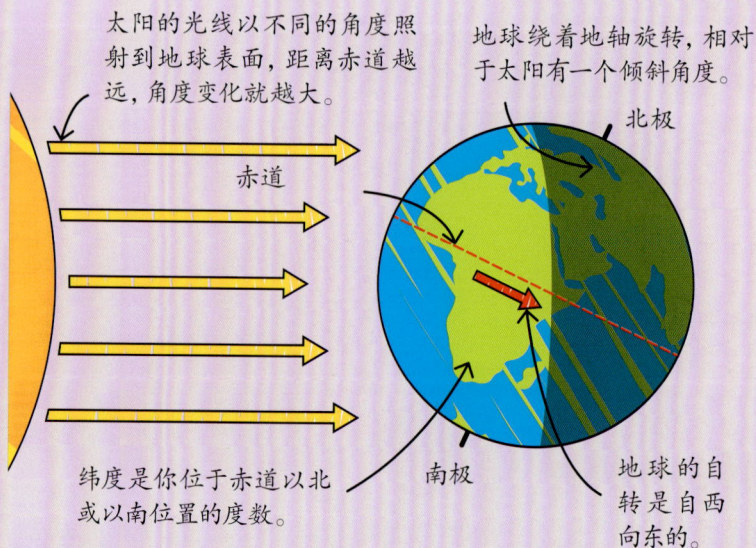

太阳的光线以不同的角度照射到地球表面，距离赤道越远，角度变化就越大。

地球绕着地轴旋转，相对于太阳有一个倾斜角度。

北极

赤道

纬度是你位于赤道以北或以南位置的度数。

南极

地球的自转是自西向东的。

8 剪下这片带有长方形粘贴条的三角形，然后用它作为模板，沿着它的边再剪一片形状相同的硬纸板。反向折叠粘两个三角形的粘贴条（用尺子压出整齐的折痕）。

将两片三角形粘在一起时，要确保粘贴条上没有胶水。

9 在一片三角形上涂胶水，将它与另一片三角形"背靠背"粘在一起。根据需要调整粘贴条，使它们都向外折。压住两片三角形直到胶水凝固。晷针就制成了。

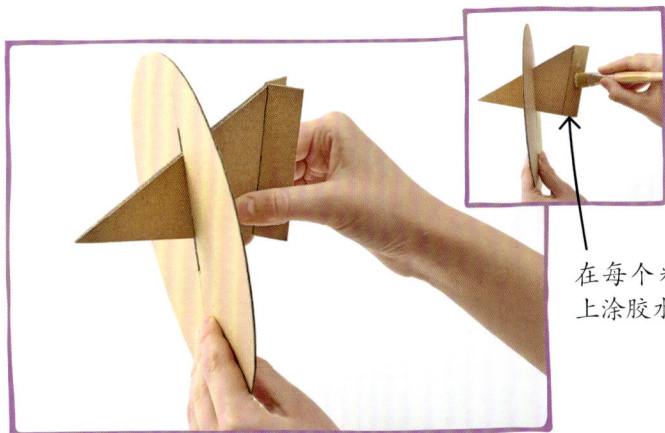

在每个粘贴条上涂胶水。

10 小心地将晷针插入步骤5中剪开的槽中，注意使三角形的直角边靠近圆心。在粘贴条与圆相接的一面涂胶水。

11 将插入槽中的晷针推到底，使两个粘贴条被固定在圆上，按住粘贴条与圆，直至胶水凝固。

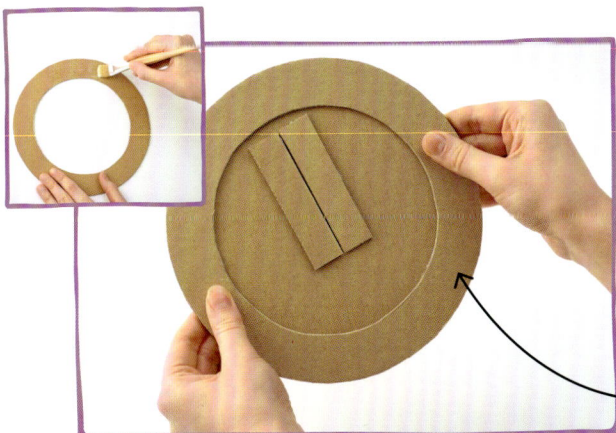

12 接下来，取步骤3中制作的圆环，在它的任意一面上涂胶水，将它粘贴到有粘贴条的圆面上。小心，不要压坏另一面的晷针。

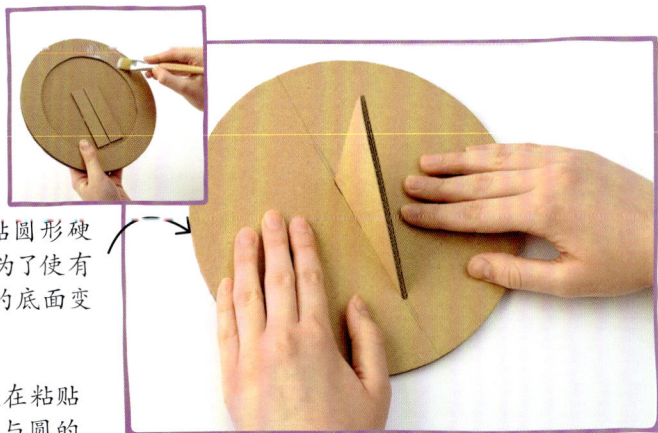

在下面贴圆形硬纸板是为了使有粘贴条的底面变得平坦。

将圆环放在粘贴条周围，与圆的外沿对齐。

13 将日晷翻过来，晷针朝上。用力按下直至胶水凝固。晷面就完成了！

14 找一个阳光灿烂的日子，在日出之际，将日晷带到室外，放在一个整天都能晒到太阳的平面上。将闹钟设置为每小时的整点响一次。

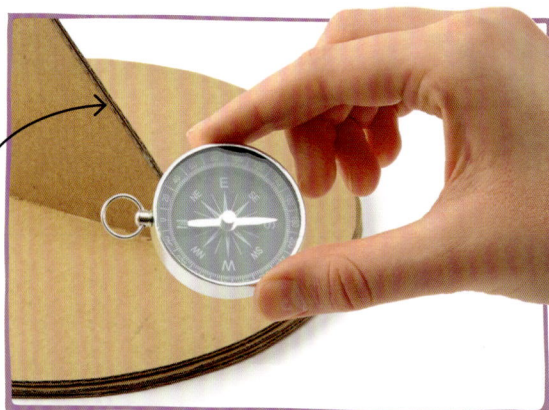

沿着日晷的斜边望向天空，校准日晷的位置。

15 如果你在北半球，就借助指南针使晷针指向北极，斜边向北极倾斜；如果你在南半球，就使晷针指向南极，斜边向南极倾斜。（参见第10页的"你在哪里？"。）

在日晷的晷面上标出小时。

16 在第一个小时的整点，在日晷的晷面上标记晷针阴影的位置。每当闹钟响起时，重复上述步骤，标记晷针的阴影在每个小时整点时的位置。到日落时，晷面就会有白天每个小时整点的标记。

日晷上测量的时间并不总是与时钟的时间相同，这是因为时钟的时间是平均值，会随着季节的变化而略有变化。

如果你处于夏令时，那么阴影将在下午1点钟（而不是中午12点钟）指向南极或北极。

作用原理

　　随着地球在一天内自西向东的自转运动，我们看到太阳东升西降，而阴影总是投在与太阳相反的方向，所以晷针阴影的长度和方向会随太阳位置的变动而发生改变。

　　当太阳在头顶上方时，它会投下一个短小的影子。但随着太阳在天空中移动，阳光照射到晷针的角度会发生改变，晷针在晷面的影子也随之变长。

　　你是在北半球还是南半球？这将决定你需要将日晷的晷针指向北极还是南极。此外，你在地球上的位置也会影响太阳光的角度，因此晷针斜边倾斜的角度要与之相匹配（参见第10页的"你在哪里？"）。

北半球

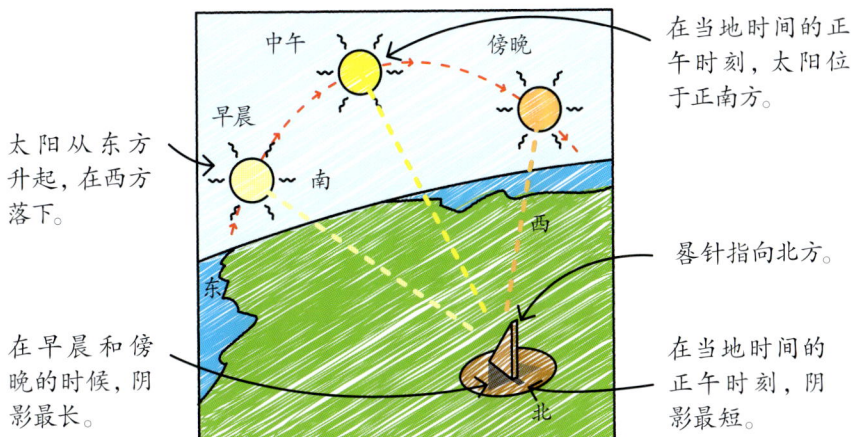

太阳从东方升起，在西方落下。

在早晨和傍晚的时候，阴影最长。

在当地时间的正午时刻，太阳位于正南方。

晷针指向北方。

在当地时间的正午时刻，阴影最短。

南半球

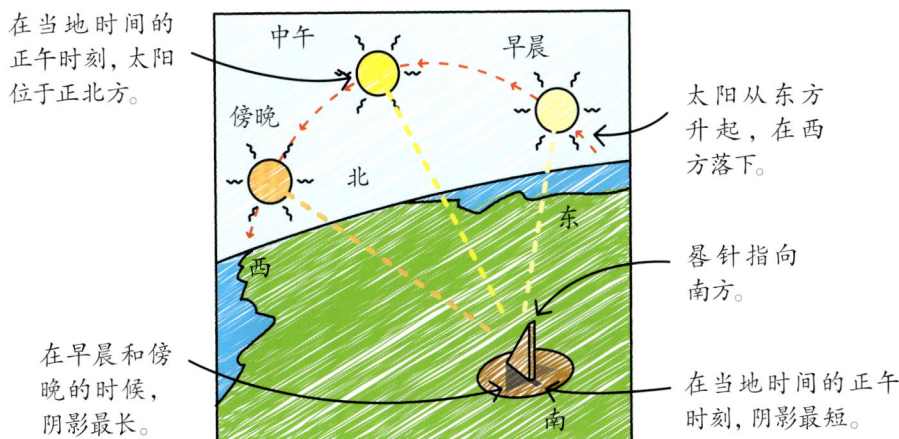

在当地时间的正午时刻，太阳位于正北方。

在早晨和傍晚的时候，阴影最长。

太阳从东方升起，在西方落下。

晷针指向南方。

在当地时间的正午时刻，阴影最短。

太空科学
早期的计时器

　　机械钟是在大约600年前发明的。在这之前，人类一直用太阳计时。早在5500多年前，古埃及人就开始用阴影来计时了。他们竖立起被称为"方尖碑"的石柱，作为巨型晷针。日晷对水手、天文学家和任何需要知道白天时间的人来说都至关重要。人们制造了各种形状和大小的日晷，大到巨型纪念碑，小到可以放在口袋里的袖珍日晷，例如图中这只袖珍日晷。

晷针可以折叠，以便携带。

用来校准晷针方向的指南针，让它指向南极或北极。

一只17世纪的带有指南针的银制袖珍日晷

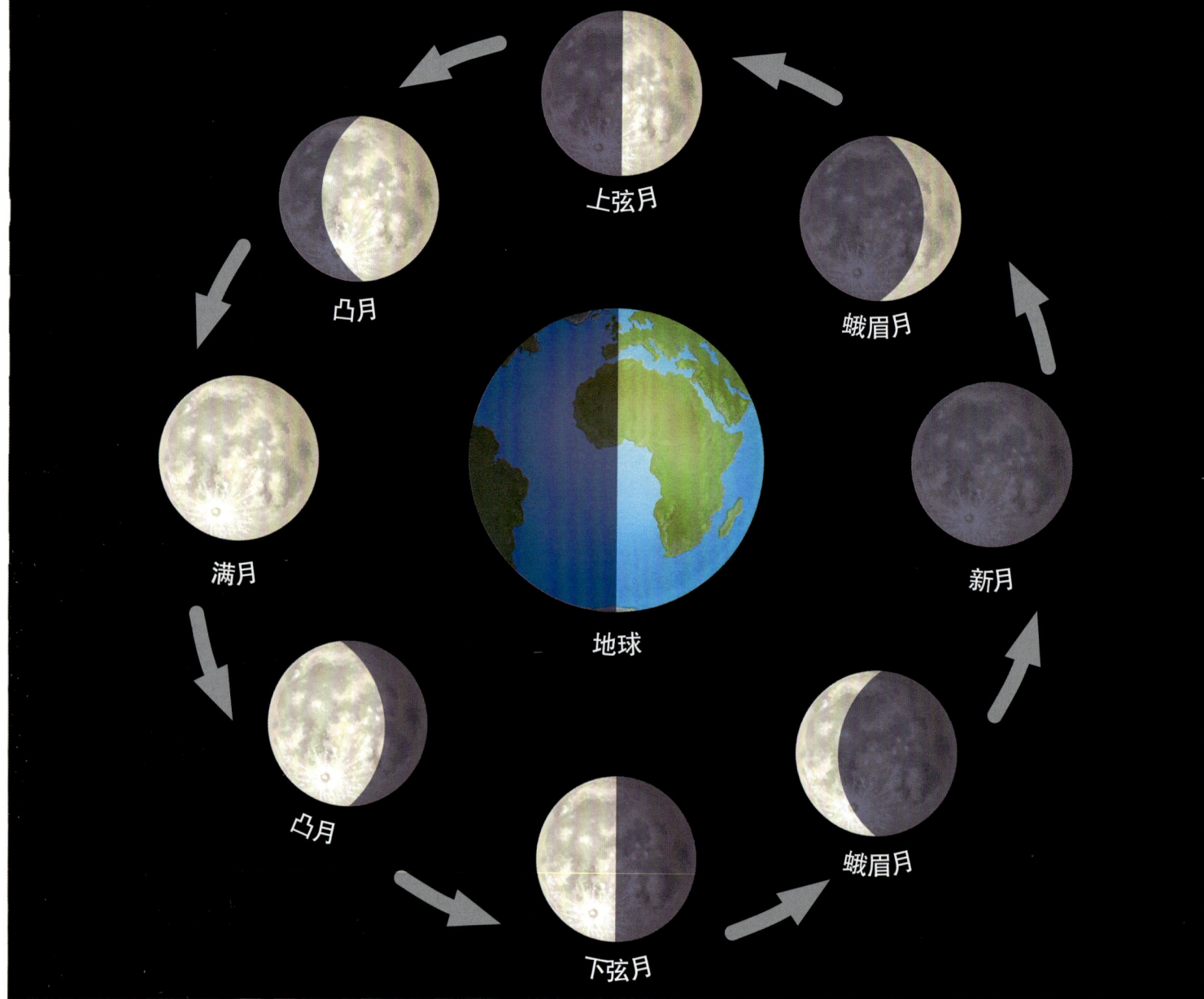

上弦月

蛾眉月

凸月

新月

满月

地球

凸月

蛾眉月

下弦月

月相筒

月球每晚呈现出的不同的形状被称为"月相"。这种变化是由月球围绕地球运动、地球围绕太阳运动，以及太阳光被月球反射的不同方式引起的。你可以制作一个月相筒来预测月球的形状。

月相

尽管月球是夜空中最明亮的天体，但实际上它自己并不发光，只是反射太阳光，因此看起来很明亮。随着地球、月球和太阳之间相对位置的变化，从地球上看见的被太阳照亮的月球表面也会变化，形成了我们所看见的月球形状（月相）的周期性变化。

太阳

顺时针旋转外筒，跟踪
月球在一个月内会呈现
出的各种月相。

满月

凸月

下弦月

不同的孔显示从地
球上看到的月球表
面被太阳光照射出
的不同形状。

如何制作
月相筒

　　这个巧妙的项目将帮助你了解月相，并预测每个月里天空中月球形状的变化。这个月相筒是由一个圆筒套在另一个圆筒上构成的，可以用来展示在任何时间夜空中的月亮形状。

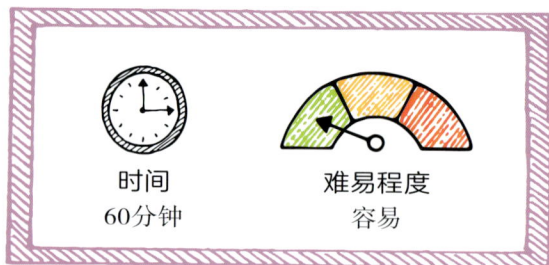

时间
60分钟

难易程度
容易

所需材料与工具

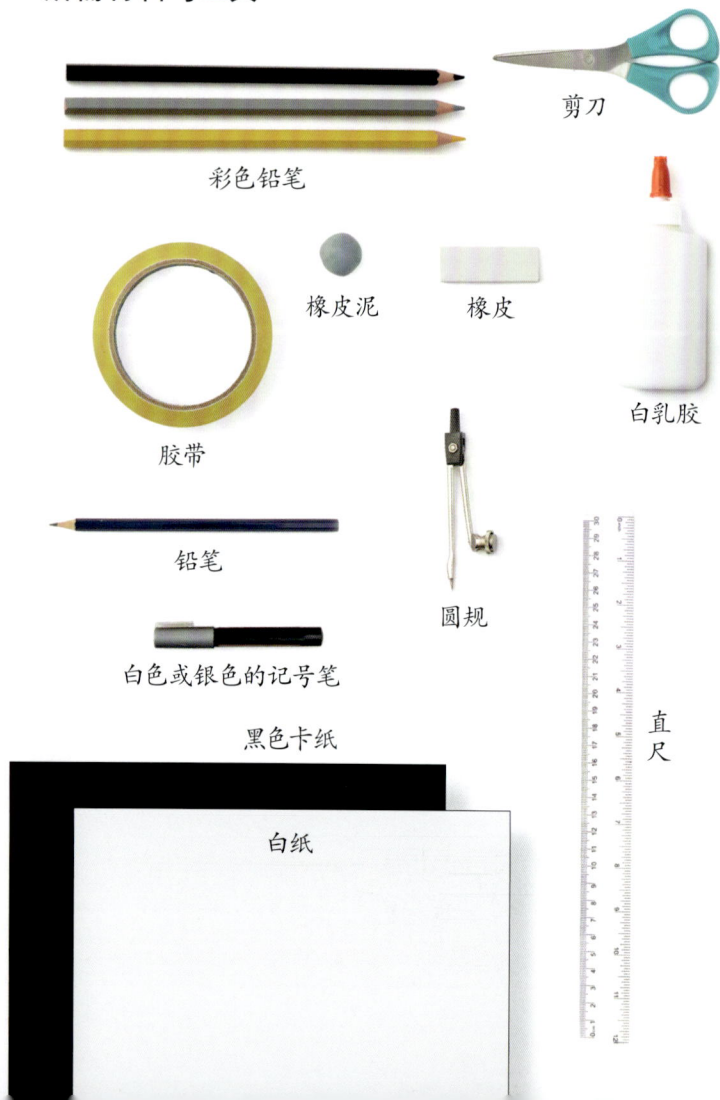

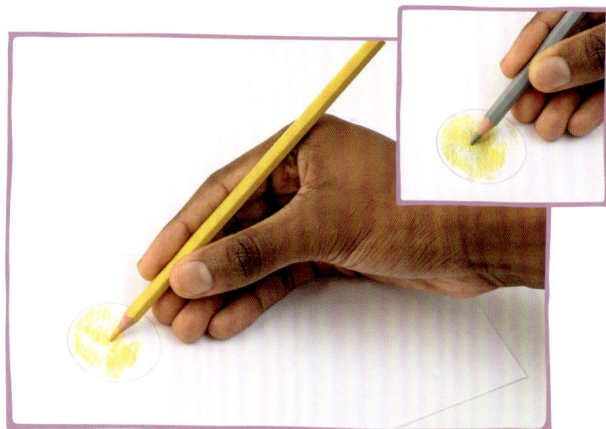

彩色铅笔

剪刀

橡皮泥

橡皮

白乳胶

胶带

铅笔

圆规

白色或银色的记号笔

直尺

黑色卡纸

白纸

1 在白纸上画一个半径为2厘米的圆，将它涂成黄色，就像明亮的月亮，再给它添加一些灰色阴影，然后将"月亮"剪下来。

2 在黑色卡纸上画42厘米×15厘米的长方形，然后将这个长方形剪下来。

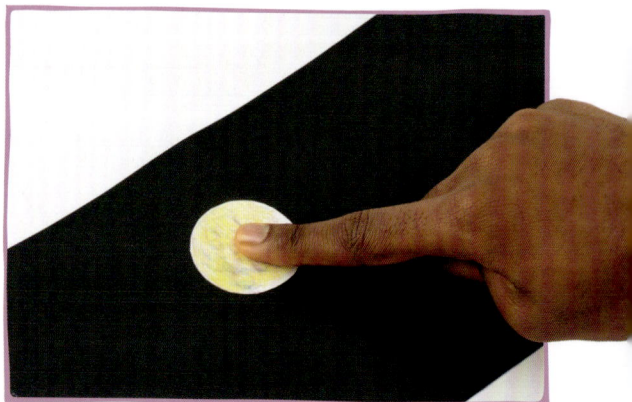

3 用胶水将"月亮"粘贴到长方形上，大约在中间位置，距离长方形的一条长边3厘米。

5 现在你有了一个圆筒，它的外侧有一轮"月亮"。

当满月时，太阳照亮了月球面向地球的整个表面。

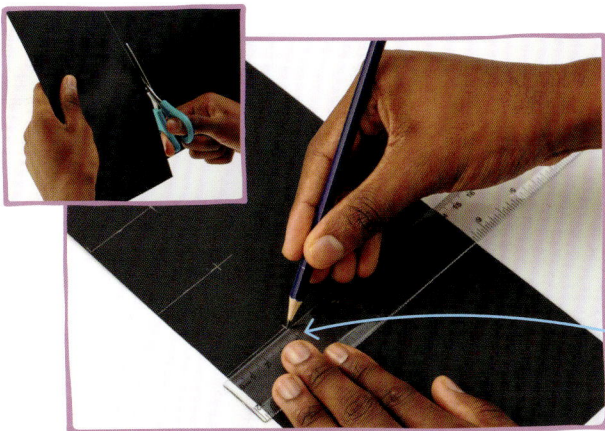

4 将卡纸卷起来，将"月亮"留在外侧，两条短边相接，并且稍微重叠。用胶带将这两条短边粘贴在一起，呈圆筒状。

6 再剪一张42厘米×14厘米的黑色卡纸，在上面画8条横向的直线。每条直线之间的距离相等，且互相平行。在每条直线上距离一边4厘米的地方做标记。

将42厘米除以9就可以算出这些直线之间的距离。

将圆规的针尖放在每个标记上，使你的圆都在同一水平上。

7 以8个标记为圆心，分别画8个半径为2厘米的圆，然后擦掉直线和标记。用白色的记号笔在左端第一个圆下方写上"新月"。

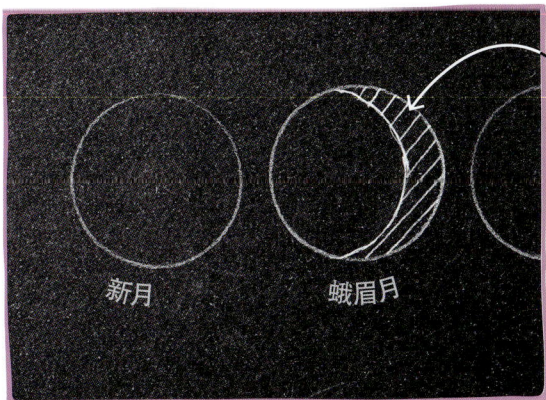

新月

8 在下一个圆上画一轮蛾眉月，如图所示。在蛾眉月上画阴影，表示这里是需要剪掉的。然后在圆下方写上"蛾眉月"。

新月　蛾眉月

阴影提醒你这是需要剪掉的区域。

当被太阳光照射的面积逐渐增大时，月亮也渐渐变大。

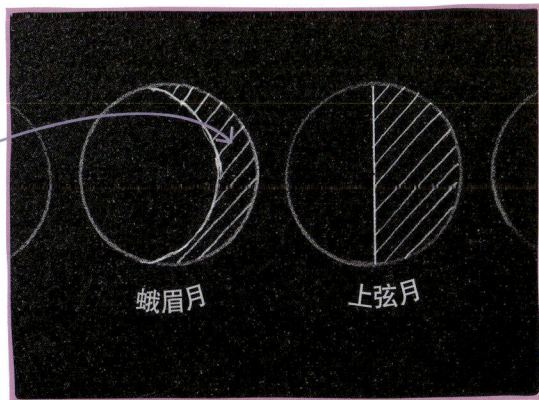

9 在接下来的圆上，画一条通过圆心的竖线，然后在右侧区域涂阴影，最后在圆下方写上"上弦月"。

蛾眉月　上弦月

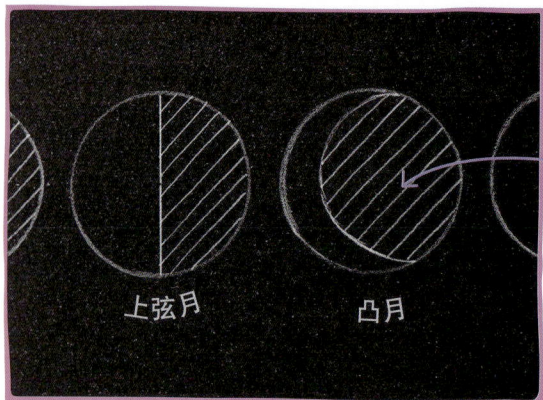

"凸月"是介于一半被照亮和完全被照亮之间的月相。

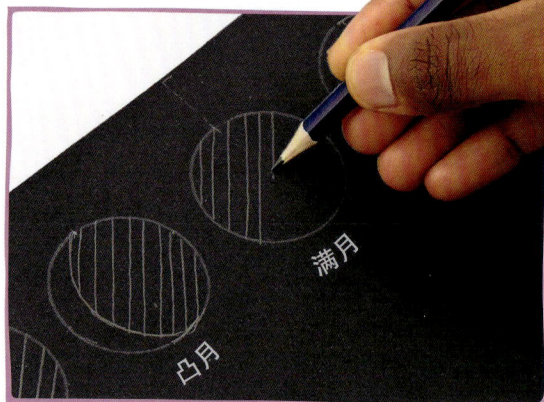

10 在下一个圆的左侧画一弯月牙，然后在较大的区域涂阴影，最后在圆下方写上"凸月"。

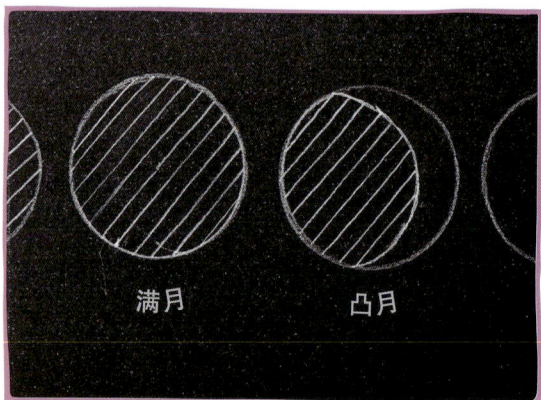

11 在下一个圆下方写上"满月"，然后将整个圆都涂上阴影。为了呈现这个月相，你需要把整个圆剪下来。

当被太阳照亮的区域逐渐减少时，月亮处于"渐亏"的阶段。

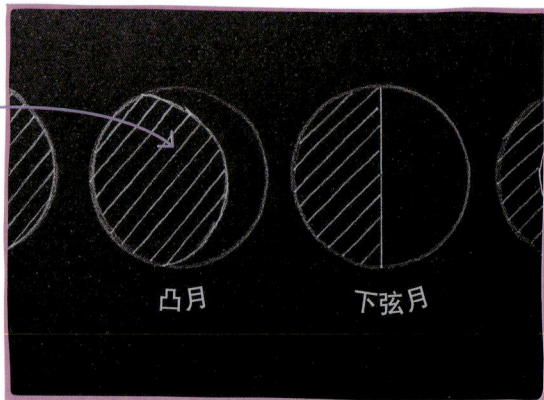

12 在下一个圆的右侧画一弯月牙，然后在较大的区域涂阴影，最后在圆下方写上"凸月"。

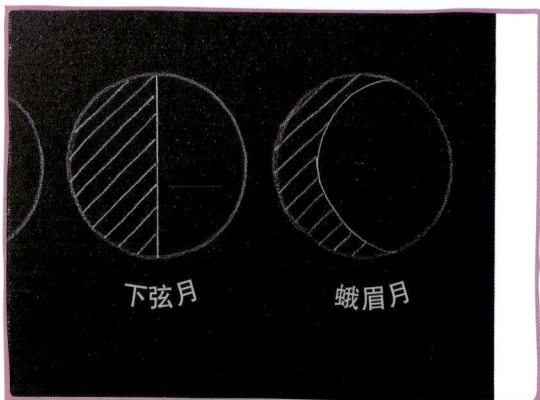

13 在下一个圆上画一条通过圆心的竖线，然后在左侧的区域涂阴影，最后在圆下方写上"下弦月"。

将橡皮泥垫在卡纸下面，避免损坏桌面。

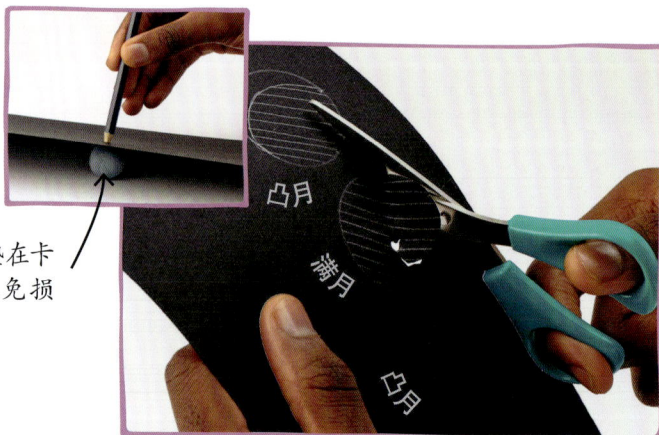

14 在最后一个圆的左侧画一弯月牙，并且在较小的区域涂阴影，然后在圆下方写上"蛾眉月"。

15 用铅笔在每个阴影区域上扎孔，然后小心地剪掉阴影区域。

16 将卡纸卷成一个圆筒，使两条短边对齐，相接而不重叠，这样它就可以套在步骤4的圆筒上了。用胶带固定两条短边。

17 将第二个圆筒套在第一个圆筒的外面，并且将下面写着"满月"的孔与内圆筒上黄色的月亮对齐。

月球围绕地球运动一周需要的时间约为27天8小时。

跟踪月球

　　如果你想了解月球如何反射太阳光，你可以在黑暗的房间里进行这项实验。你需要一盏灯和一块固定在铅笔上的白色橡皮泥。橡皮泥搓成的球代表月球，灯代表太阳，而你代表地球。

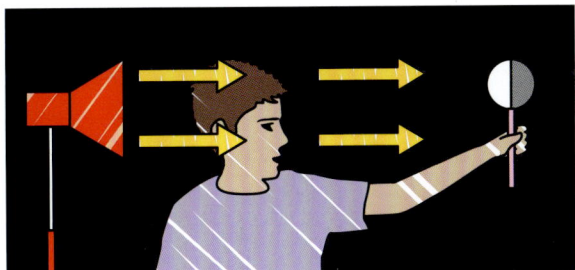

1 伸展手臂，将"月球"放在你的面前，而"太阳"则在你的身后。观察在"太阳光"的照射下，"月球"是如何形成"满月"的。

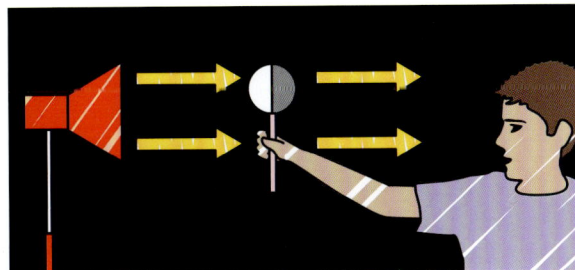

2 现在向左逆时针旋转来模拟月球围绕地球转动的情形。当不同区域被"太阳"照亮时，"月球"看起来会改变形状。

18 在下一个晴朗的夜晚，观察夜空中月亮的形状。转动外圆筒，通过开孔看内圆筒上的月亮，找到与夜空中的月亮相同的形状，开孔下面写的就是当前月相的名称。

接下来会是什么月相呢？按逆时针方向转动外圆筒就能预测月亮下一阶段的形状。

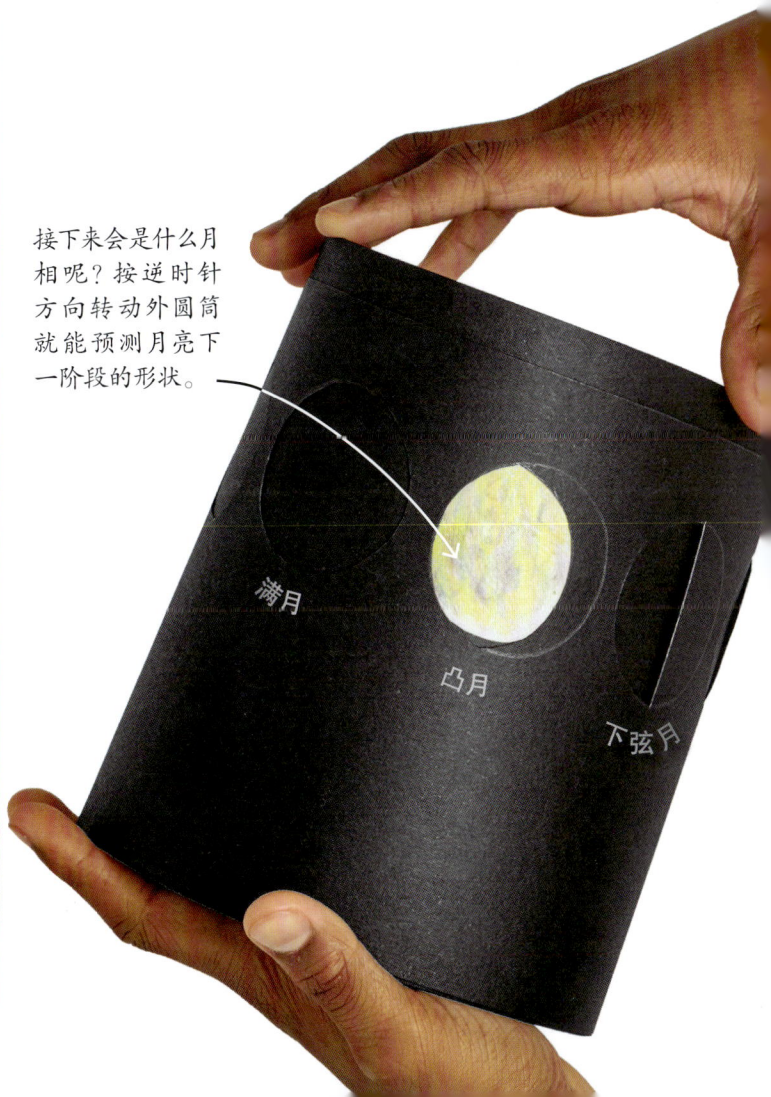

"陨石"

　　在太空中，物质碰撞时释放的能量可以转化为热量，并且将物质熔化、结合在一起，形成被称为"流星体"的太空岩石。在这个项目中，你将用巧克力与其他甜点制作零食"陨石"。虽然真正的太空岩石是不能吃的，但是你制作的"陨石"却很好吃！

什么是陨石？

　　当尘埃和小型太空岩石高速冲入地球的大气层时，它们会升温，并留下一道被称为"流星"的光迹（见第150页）。如果其中一块太空岩石成功地穿过大气层，坠落在地球上，那它就变成了"陨石"。

我们用多种食材制作零食"陨石"，这是因为陨石可能含有多种矿物质。

就像真正的陨石在穿过大气层时会燃烧一样，这些"陨石"的外表也有"燃烧"后留下的深色痕迹。

如何制作
"陨石"

你不需要烹饪，只需用一锅热水加热食材即可。不要忘记，在处理食材之前和之后都要洗手。

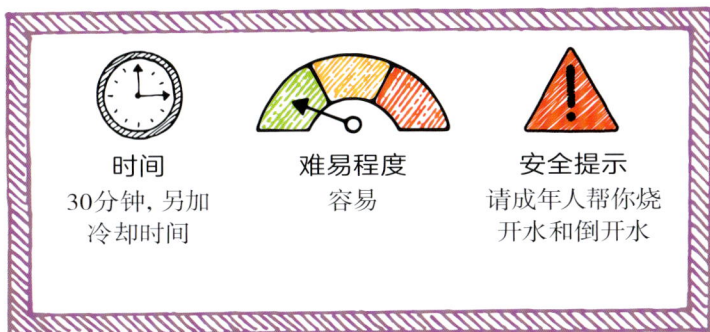

时间
30分钟，另加冷却时间

难易程度
容易

安全提示
请成年人帮你烧开水和倒开水

所需材料与工具

烘焙纸

汤匙

烤盘

大号耐热碗

中等大小的平底锅，盛约半锅刚烧开的水

木勺

小号浅碗

黑色食用色素

擀面杖

可密封塑料袋

120克切成小块的黄油

20克褐色糖珠

70克蜂窝糖

3汤匙金色糖浆

250克巧克力块

70克奶糖块

250克消化饼干

75克小颗粒棉花糖

1 将消化饼干放入可密封塑料袋中，然后把袋子封好。用擀面杖轻轻地将饼干碾碎。

2 将刚烧开的水倒入平底锅内，直至半满，然后将一只大碗坐在平底锅上，半浸在开水中。把黄油和巧克力块放入大碗中，并加入金色糖浆。

3 轻轻地搅拌混合物，直到所有食材都化开，并混合在一起。

每次只加一点，
逐次加入。

行星和太空岩石也
是由各种物质混合
在一起形成的。

4 请成年人将大碗从平底锅上端下来（可能会很烫）。加入黑色的食用色素，然后搅拌，直到混合物颜色变深。

5 当混合物变成深色黏稠的糊状物时，将碎饼干加入大碗中，用木勺搅拌均匀。

你可以按自己的
喜好将这些食材
替换成等量的其
他食材，比如坚
果和干果。

6 接下来加入棉花糖，将所有食材搅拌均匀。

7 加入奶糖和蜂窝糖，搅拌均匀。

真正的陨石可能
是许多种矿物和元
素（例如镍和铁）
的混合物。

8 最后，加入一半的褐色糖珠（另一半将在步骤10中使用），然后再一次搅拌均匀。

9 取一团高尔夫球大小的混合物，用手将它捏成球状。重复这个步骤，将所有的混合物都捏成球状。

10 将剩下的一半褐色糖珠放在一只小碗中，然后将球状混合物逐个在碗中滚动，让它们的表面粘上糖珠。

烘焙纸会防止食物粘在烤盘上。

11 小心地将球状混合物放在铺有烘焙纸的烤盘上。

切开一块"陨石"，看看其中的各种成分是如何混合在一起的。

12 将烤盘放入冰箱，冷藏1小时或更长时间，然后就可以吃了。请尝尝"太空"的味道！

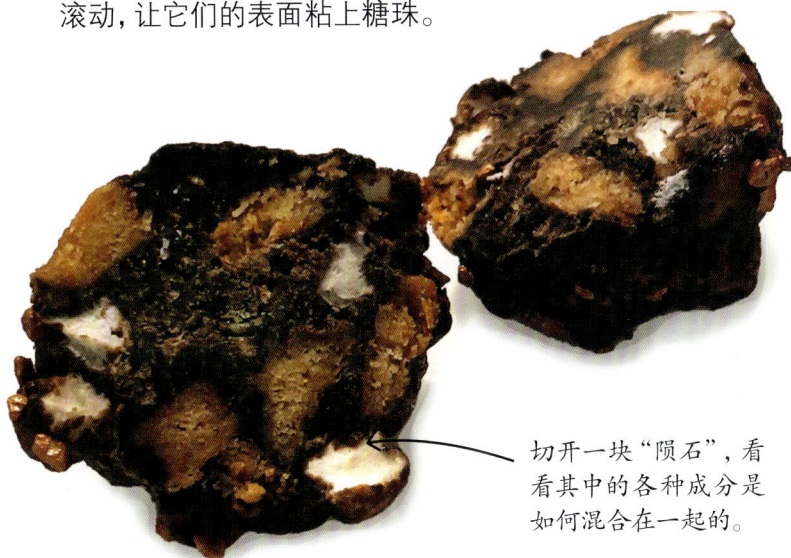

太空科学

球粒陨石

陨石有几种类型，其中球粒陨石是最古老、最有趣的。就像零食"陨石"一样，球粒陨石是由一堆碎块粘在一起形成的。然而，与零食"陨石"的成分不同，这些碎块是自46亿年前太阳系诞生以来就没有改变过的岩石和尘埃颗粒。

当碎块相互碰撞形成球粒陨石时，其中的一些矿物熔化并粘在了一起，而另一些矿物仍保持固态。

太阳能烤箱

太阳是地球最重要的能量来源。利用这些能量制作这个太阳能烤箱，并测试它加热不同食物的速度。

太阳能

太阳是一台令人惊奇的不停歇的能源机器，它一天送达地球表面的能量就可供人类使用27年！目前的太阳能技术只能利用部分太阳能来产生热能和电力。你可以制作一台太阳能烤箱，利用太阳来加热烤箱的内部。

太阳光照射到铝箔上，然后被反射到食物上。

保鲜膜将热量锁在比萨饼盒内，就像温室的玻璃一样。

将食物放在亚光的黑色背景上可以加快加热的过程。

如何制作
太阳能烤箱

　　这台用比萨饼盒制成的太阳能烤箱可以收集太阳的能量（你可以在网上购买比萨饼盒），看看它"烤"食物的速度有多快，但是请注意，不要在空腹时进行实验，因为实验可能需要等一段时间……

时间	难易程度	安全提示
30分钟，另加烘烤时间	容易	可以烤哪些食物需要征得成年人的同意

所需材料与工具

直尺

铅笔

剪刀

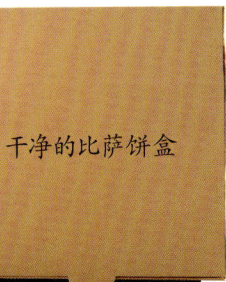
干净的比萨饼盒

橡皮泥

圆规

白乳胶

亚光黑色卡纸

画笔

吸管

铝箔

保鲜膜

胶带

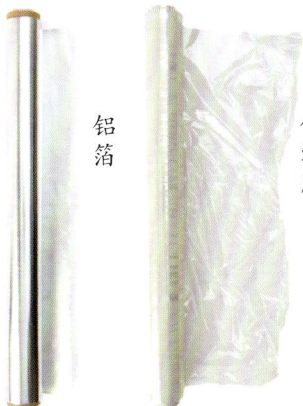

可以烘烤的食物，例如巧克力和棉花糖

1 现在制作烤箱的盖。在比萨饼盒盖上距离每条边4厘米处做标记，然后用直线连接标记，画一个矩形。

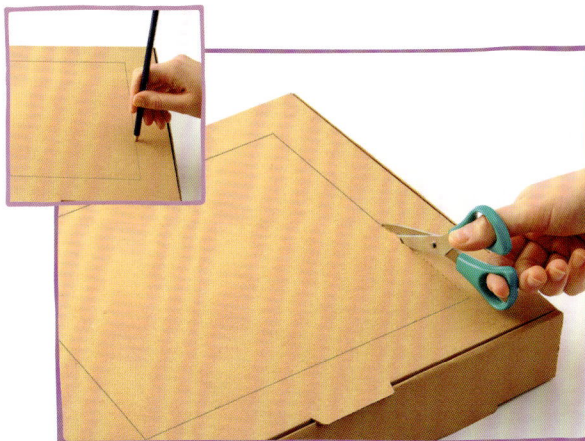

2 用铅笔在其中一条直线上扎一个孔，然后将剪刀插入孔中，沿着3条直线剪开，但是保留第4条直线。

3 将正方形未被剪开的边向上折叠，形成铰链。你可以先用拇指或尺了在这条边上压出痕迹，或者先用铅笔划一下，以便折叠。

4 这一片被掀起来的正方形将起到反光镜的作用。将它向外折叠，直到可以被完全打开。来回折叠数次，以加深铰链的折痕。

铝箔会将太阳光反射到烤箱里。

5 剪一片铝箔，大致与比萨饼盒盖的大小相同，然后将它夹在盒盖中间，反光的一面朝下。

6 将铝箔的边折叠到盒盖上面，包裹住正方形，然后用胶带固定铝箔。这样就有了一个反光镜。

保鲜膜能让太阳光进入烤箱，同时让烤箱内部的热量不易散发出去。

7 剪一片与比萨饼盒盖大小相同的保鲜膜。打开比萨饼盒盖，将保鲜膜泡在盒盖内侧的4条边上。

8 剪4条铝箔，每条大约15厘米宽，长度与比萨饼盒的边长相等。将每条铝箔沿着一条长边折叠。

将铝箔的折边与比萨饼盒盖上开口的边对齐。

9 在保鲜膜和比萨饼盒盖内侧的边上涂胶水，将铝箔条粘在上面，覆盖盒盖内侧的4条边，然后剪掉多余的铝箔。

10 用铝箔覆盖比萨饼盒内侧的其余部分。先涂胶水，然后再贴铝箔。

11 用黑色卡纸剪一片比比萨饼盒底每条边短2厘米的矩形。给它涂上胶水后粘贴在内侧盒底，盖在铝箔上。

黑色吸收热量，因此会将太阳的热量困在烤箱内。

12 用硬纸板剪一个直径约为16厘米的圆形纸板，将它放在一片略大于它的铝箔无光泽的那一面上。

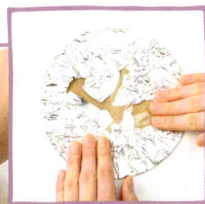

你可以用圆规画圆，也可以沿一只盘子的外缘描一圈。

13 折叠铝箔，包住圆形纸板，将铝箔弄平整，然后用胶带固定。

14 将铝箔包裹的圆纸板放在黑色正方形的中心。洗手，然后将食物放在圆纸板上，再盖上比萨饼盒的盖子。

15 将太阳能烤箱，也就是比萨饼盒，放在能被太阳直射的地方，然后掀开反光镜。

16 将吸管的一端用胶带固定在反光镜上，另一端固定在比萨饼盒的盒盖上，以支撑反光镜。观察太阳能烤箱里的食物需要多长时间才会熔化。

调整反光镜倾斜的角度，将更多的太阳光反射到烤箱里。

在吃任何你"烤"的食物之前，务必记得洗手。

你可以一次"烤"一种食物，或者将两种食物放在一起"烤"，来比较它们的熔化速度。

作用原理

太阳能烤箱的工作原理是通过捕获来自太阳光（以及不可见的红外热辐射）的能量加热烤箱的内部，进而将热量传递给烤箱内的食物。倾斜的反光镜将更多的太阳光反射进烤箱里，以便最大限度地利用太阳光的能量。与此同时，黑色底座能够吸收热量，而保鲜膜则能将宝贵的热量储存在太阳能烤箱里。

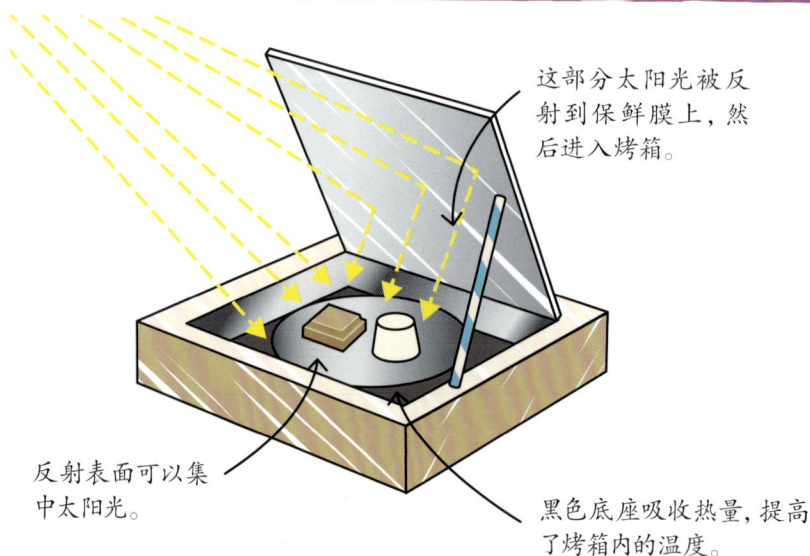

这部分太阳光被反射到保鲜膜上，然后进入烤箱。

反射表面可以集中太阳光。

黑色底座吸收热量，提高了烤箱内的温度。

太阳的能量

太阳每时每刻都会喷发出大量的光和热，向各个方向传播，其中只有极小一部分能到达大约1.5亿千米之外的地球。你可以想象一下太阳本身有多炽热！太阳的表面温度可高达6000℃，而它的核心温度则超过了1500万℃。高温加上巨大的压力迫使太阳核心中的被称为"氢原子核"的微小粒子发生碰撞，结合在一起并且释放能量。这个过程被称为"核聚变"，是所有恒星的能量来源。核聚变只在核心中发生。太阳的燃料足以让它在未来的数十亿年内继续进行核聚变，继续发光。

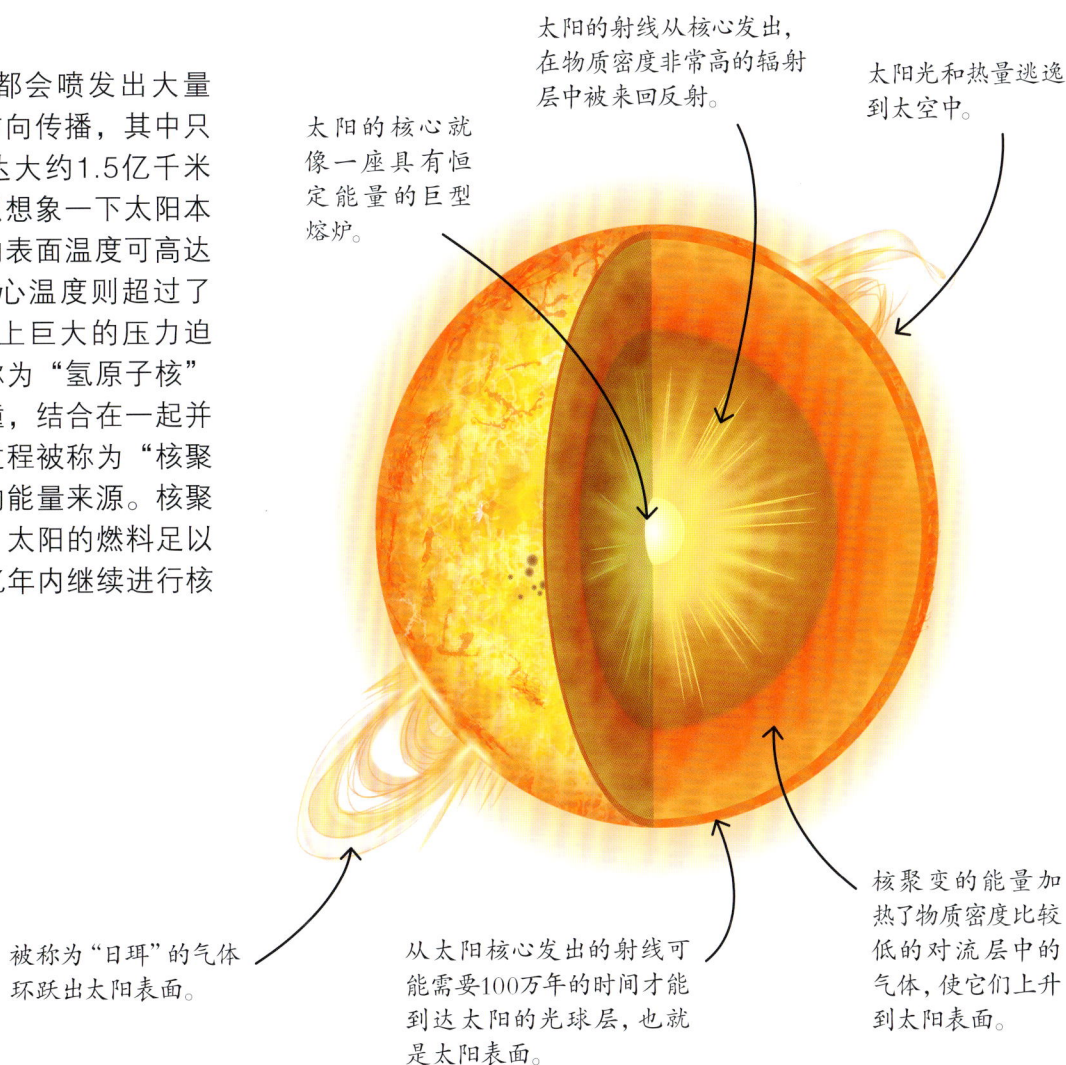

太阳的射线从核心发出，在物质密度非常高的辐射层中被来回反射。

太阳光和热量逃逸到太空中。

太阳的核心就像一座具有恒定能量的巨型熔炉。

被称为"日珥"的气体环跃出太阳表面。

从太阳核心发出的射线可能需要100万年的时间才能到达太阳的光球层，也就是太阳表面。

核聚变的能量加热了物质密度比较低的对流层中的气体，使它们上升到太阳表面。

太空科学
采集太阳能

太阳能烤箱是一种节省能源的好方法，它还能避免人们使用昂贵或高污染的燃料。在一些光照充足的国家，同样的原理也可以用在清洁能源发电厂上，例如图中的以色列发电厂。在图中，巨大的镜子（就像太阳能烤箱的反光镜一样）将太阳光反射到中央的"发电塔"上，将里面的水烧开，使水转化为水蒸气，然后用水蒸气来驱动发电机发电。

太阳系仪

太阳位于太阳系的中心。太阳系里有8颗行星，其中包括地球在内的每一颗行星都沿着自己的特殊路径（被称为"轨道"）围绕太阳运行。让我们来制作一个精巧的太阳系仪，帮助你更加直观地了解太阳系的结构。

太阳是一颗巨大的、带电的炽热气体（被称为等离子体）球。

水星是最小、距离太阳最近、运行速度最快的行星。

地球是太阳系中唯一的一颗表面有液态水和生命的行星。

金星的表面是有所有行星中最热的，这归功于金星大气层捕获的太阳热量。

火星是一颗寒冷干燥、布满灰尘的星球，它的大小约为地球的一半。

木星是一颗巨大的气体球，被彩色的带状云层包裹着，它的表面有一个巨大的椭圆形风暴气旋，被称为"大红斑"。

土星是一颗气态巨行星，它的周围环绕着由无数岩石和冰块构成的土星环。

海王星是距离太阳最远的行星，它是一颗蓝色的冰巨星，表面有强风和黑色的风暴。

天王星由水冰物质构成，它几乎是"躺着"围绕太阳运行的（自转轴与公转轨道几乎平行）。

什么是太阳系仪？

太阳系的三维模型被称为"太阳系仪"。几个世纪以来，科学家一直在制作太阳系仪，以帮助他们了解行星的运行轨道和它们不断变化的位置。

如何制作
太阳系仪

制作这个太阳系仪需要硬纸板做的底座和轨道臂，它们都有双层厚度，很结实。其中，行星是用橡皮泥捏成的，而太阳的内部是一个乒乓球，重量很轻。

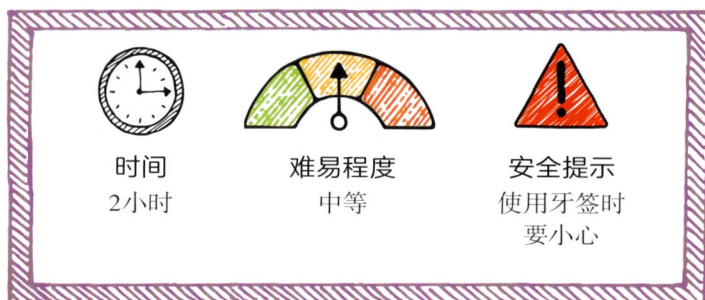

时间	难易程度	安全提示
2小时	中等	使用牙签时 要小心

所需材料与工具

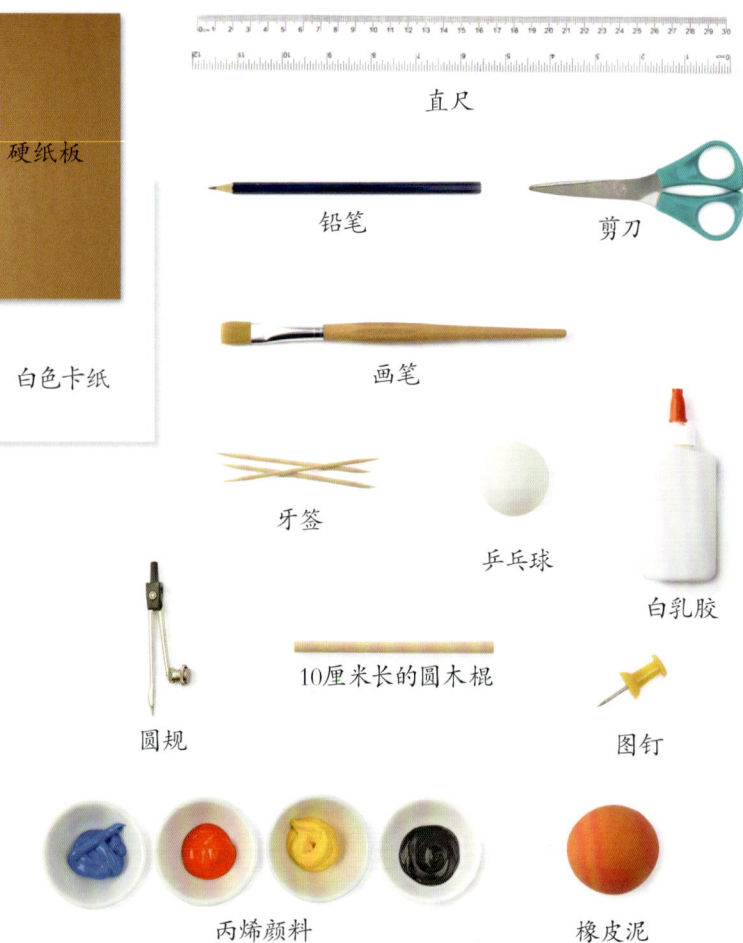

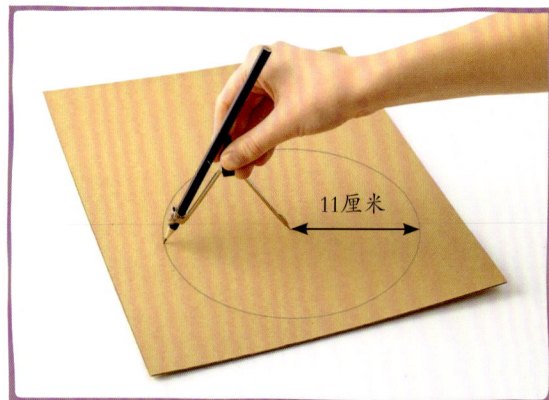

硬纸板

白色卡纸

直尺

铅笔

剪刀

画笔

牙签

乒乓球

白乳胶

圆规

10厘米长的圆木棍

图钉

丙烯颜料

橡皮泥

1 先制作底座。将圆规的半径设置为11厘米，然后在硬纸板上画两个圆。

2 剪下这两个圆。在一个圆的一面上涂胶水，然后将两个圆粘在一起，使它们变得更厚实。静置，将它们晾干。

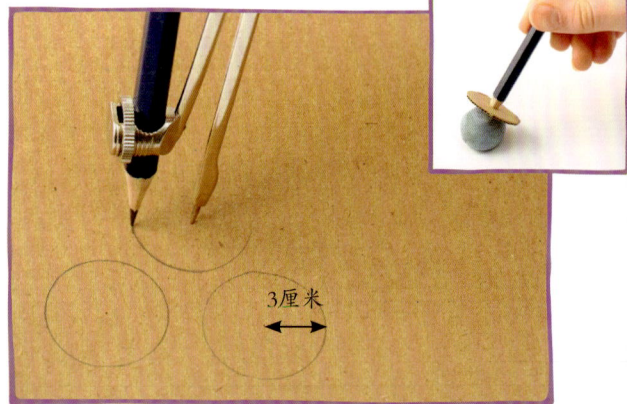

3 画3个半径为3厘米的圆，然后将它们剪下来。用铅笔在每个圆的中心扎一个孔（安全起见，扎孔时在圆下垫一块橡皮泥）。

4 在每个圆的一面上涂胶水，然后将三个圆叠在一起，粘在大圆的中间。底座就基本完成了。

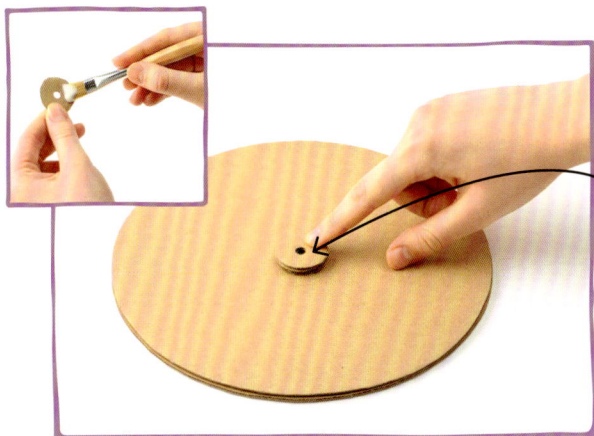

让圆重叠在一起，对齐中心的孔。

5 胶水干了之后，在底座上涂黑色颜料，再将它彻底晾干。如果看起来有些斑驳，可能是颜料不够均匀，你可以再涂一层颜料。

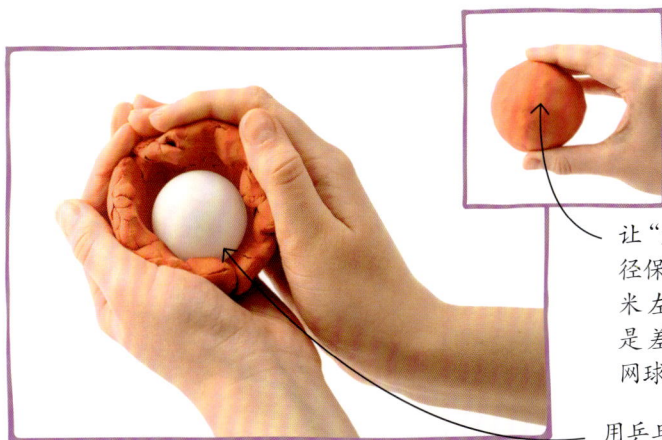

6 在等颜料变干的时候，你可以制作"太阳"。用一些橡皮泥包裹住乒乓球，将乒乓球完全覆盖，揉成一个光滑的球体。

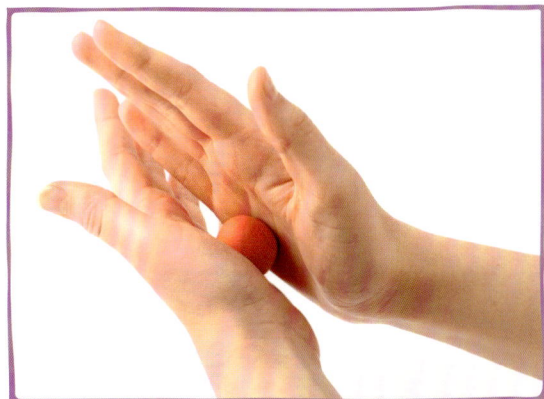

让"太阳"的直径保持在6.5厘米左右，也就是差不多一个网球的大小。

用乒乓球可以减轻太阳的重量。

7 接下来制作行星。首先，用手将一块橡皮泥揉成一个高尔夫球大小的球，代表最大的行星——木星。

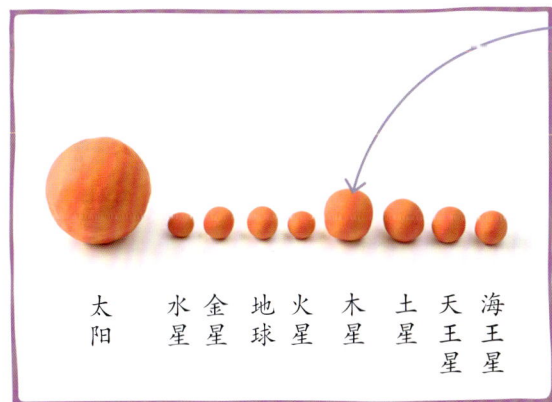

9 小心地将牙签的一端插入每颗橡皮泥"行星"中。

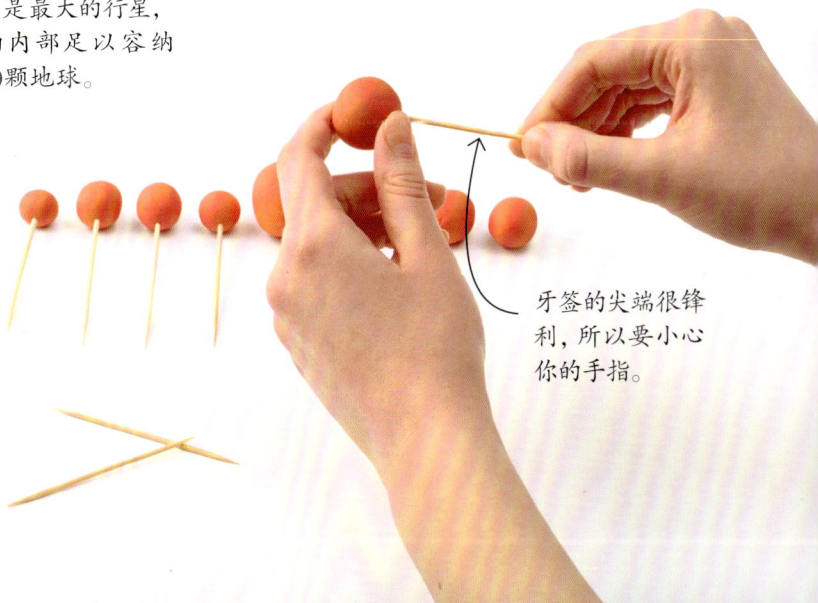

木星是最大的行星，它的内部足以容纳1300颗地球。

太阳	水星	金星	地球	火星	木星	土星	天王星	海王星

8 继续用橡皮泥制作"行星"，尺寸如下：乒乓球大小的"土星"；葡萄大小的"天王星"和"海王星"；弹珠大小的"金星"和"地球"；比弹珠要小一点的"火星"；还有更小的"水星"。

牙签的尖端很锋利，所以要小心你的手指。

10 将每团橡皮泥涂成与之对应的行星的颜色（参见第30—31页）。将牙签的另一端插在备用的橡皮泥上，然后晾干。

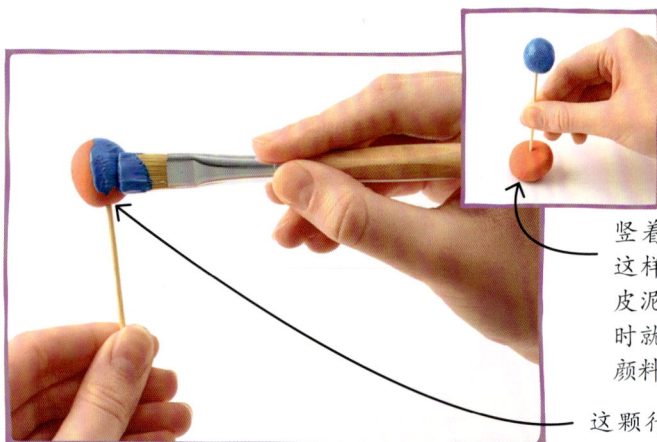

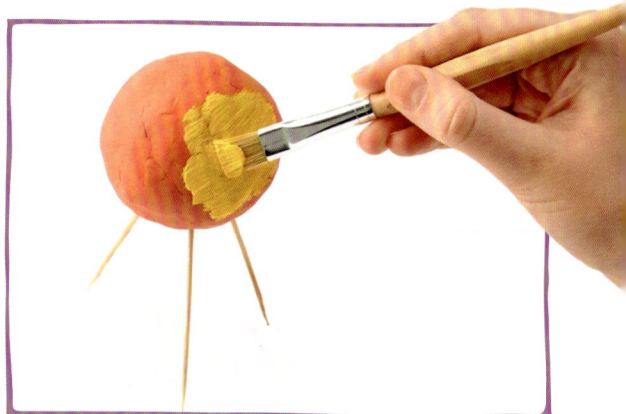

竖着插牙签，这样在晾干橡皮泥上的颜料时就不会蹭掉颜料。

这颗行星是冰冷、明亮的蓝色海王星。

11 在给"太阳"上色时，将3根牙签插进"太阳"中，以在涂颜料时支撑它。使用黄色、橙色或红色的颜料，任何火热的颜色都可以！

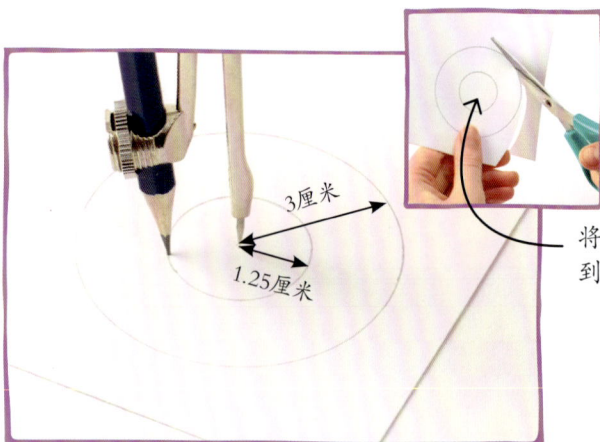

3厘米
1.25厘米

将内圆剪掉，得到一个圆环。

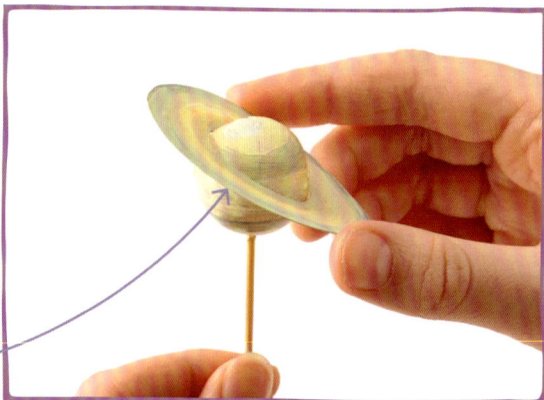

12 现在制作"土星环"。在白色卡纸上画同心圆：一个半径为3厘米，另一个半径为1.25厘米。将圆环剪下来。

土星环看似是固体，但实际上是由无数围绕土星运行的冰巨石构成的。

13 将圆环的两面涂浅黄色、浅棕色和灰色，然后将圆环斜着套在"土星"上。

这些硬纸板将会成为太阳系仪的"轨道臂"，将行星固定在适当的位置。

14 剪8条3厘米宽的硬纸板，长度分别为：28厘米、24厘米、21厘米、16厘米、13厘米、11厘米、9厘米和7厘米。

15 剪下这些硬纸板，然后再剪一组。用胶水将成对的硬纸板"背靠背"粘在一起，使它们都有双倍的厚度，然后放置在一旁，晾干。

16 在每条硬纸板距离一端4厘米处画一条与短边平行的横线，形成一个长方形。在长方形上画对角线，找到中心点，然后用铅笔在中心点扎一个孔。

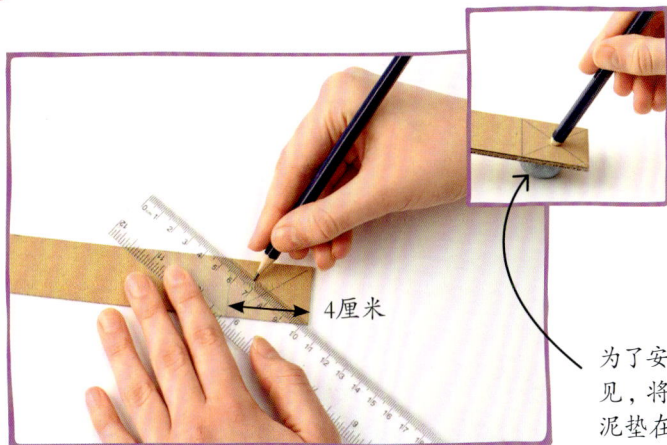

为了安全起见，将橡皮泥垫在硬纸板下面。

17 在每条硬纸板的两面涂黑色颜料，然后晾干。如果它们看起来不够黑，就再涂一层颜料。

18 将圆木棍小心地插进"太阳"中。你可以将圆木棍竖起来进行观察，太阳应该处于平衡状态。

太阳非常大，它的内部可以容纳130万个地球。

19 从最短的硬纸板开始，按从短到长的顺序将圆木棍穿过在步骤16中扎的孔。

20 直到所有的硬纸板都被圆木棍穿起来，最后的硬纸板是最长的。检查它们是否都能在圆木棍上自由转动。

转动在圆木棍上的套得过紧的硬纸板，以使它们能自由转动。

21 用画笔将一些胶水挤入底座中心的孔中，准备将圆木棍插进去。

太阳的引力作用于整个太阳系，使行星待在围绕太阳运行的轨道上。

22 将圆木棍插入底座中心的孔中，确保它能笔直竖立（如有需要，可以将它支撑起来）。晾干。

23 用图钉在每条硬纸板上距离外端1.5厘米处扎一个小孔。安全起见，扎孔时在下面垫一块橡皮泥。

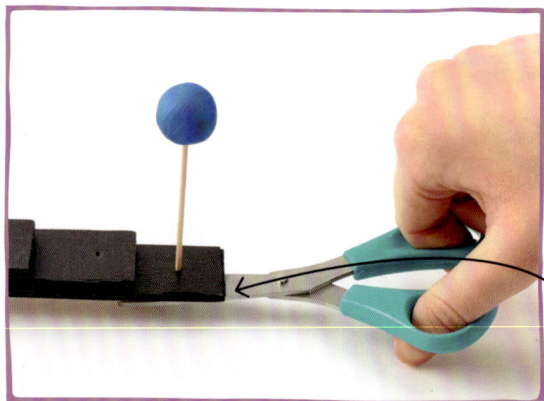

将每根牙签都插得稍微深一点，使行星最后都一样高。

请成年人帮忙剪掉牙签的尖端。

24 从距离太阳最远的"海王星"开始，小心地将牙签插入最长的硬纸板上的孔中，然后将硬纸板下面出头的牙签尖端剪掉。

25 继续插行星，每插一颗行星就修剪一下牙签尖端，然后移动硬纸板，使硬纸板对齐，并且行星的高度都相同。

一颗行星距离太阳越远，它围绕太阳运行的速度就越慢。

26 现在旋转硬纸板，模拟行星在围绕太阳的轨道上运行的情景。

太阳系

距离太阳近的水星、金星、地球和火星是岩石行星，它们周围有一圈太空岩石，被称为"小行星带"。木星、土星、天王星和海王星距离太阳较远，主要由气体和水冰物质构成。下图显示了其他行星相对于地球的大小，以及它们绕太阳公转的周期（以地球年或地球天为单位）。

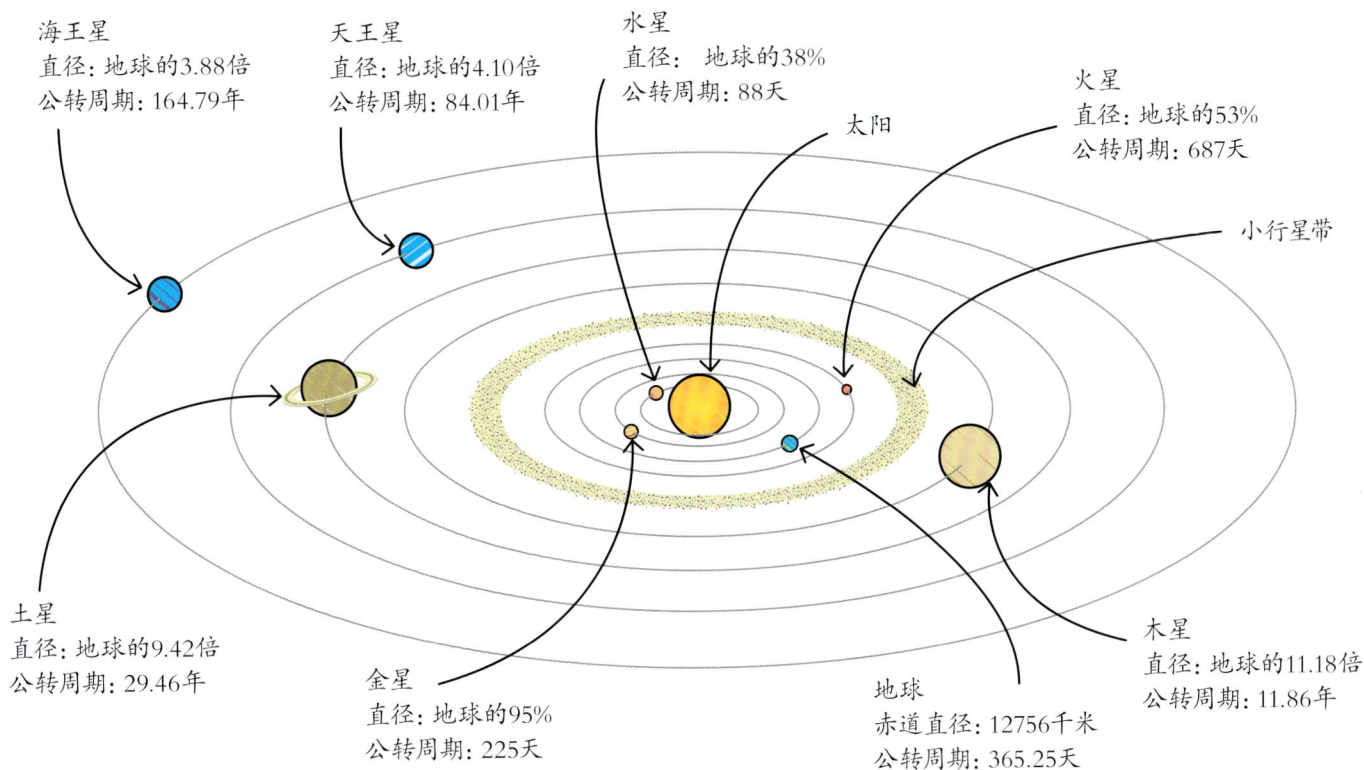

海王星
直径：地球的3.88倍
公转周期：164.79年

天王星
直径：地球的4.10倍
公转周期：84.01年

水星
直径：地球的38%
公转周期：88天

太阳

火星
直径：地球的53%
公转周期：687天

小行星带

土星
直径：地球的9.42倍
公转周期：29.46年

金星
直径：地球的95%
公转周期：225天

地球
赤道直径：12756千米
公转周期：365.25天

木星
直径：地球的11.18倍
公转周期：11.86年

太空科学

太阳系模型

早在2000多年前，古希腊人就开始用三维模型来展示行星的运动了，但直到18世纪初，第一台太阳系仪才被发明出来。此时，天文学家已经知道了太阳系的中心是太阳，而不是地球。右图是一台出现于1781年之前的古董太阳系仪，与那时的大多数太阳系仪一样，它带有发条机械装置，上面所有的行星能以正确的相对速度进行运转。

这台太阳系仪包括了当时已知的5颗土星卫星，但土星实际上至少有150颗卫星。

这台太阳系仪还没有天王星和海王星，这是因为当时它们尚未被发现。

针孔照相机

直视太阳是危险的，通过双筒望远镜或望远镜直视太阳同样危险。那么如何在不危及视力的情况下观察太阳呢？解决方案是制作一台针孔照相机，它可以让你安全地观察太阳。

将照相机对准太阳，然后在屏幕上观看倒置的太阳图像。

将鞋盒密封，并且将鞋盒内外都涂成黑色，以阻挡光线的透入和反射。

你会看见什么？

针孔照相机是观察太阳活动的绝佳工具（而且安全！），比如你可以用它观察日食。日食是当月球遮挡部分或全部太阳光时出现的罕见现象（参见第41页）。针孔照相机也是观察太阳黑子的好工具。太阳黑子是太阳表面温度相对较低的气体形成的黑色斑点，有些斑点甚至可以长到一颗行星那么大。

如何制作
针孔照相机

在这个项目中，你需要改装一只鞋盒，以阻挡光线透入，然后在鞋盒的一端扎一个针孔，让光线从针孔进入鞋盒，投射到鞋盒另一端的屏幕上。

时间	难易程度	安全提示
45分钟	容易	切勿直视太阳

所需材料与工具

直尺

铅笔

描图纸

黑色的丙烯颜料

图钉

剪刀

美纹纸胶带

画笔

白乳胶

鞋盒

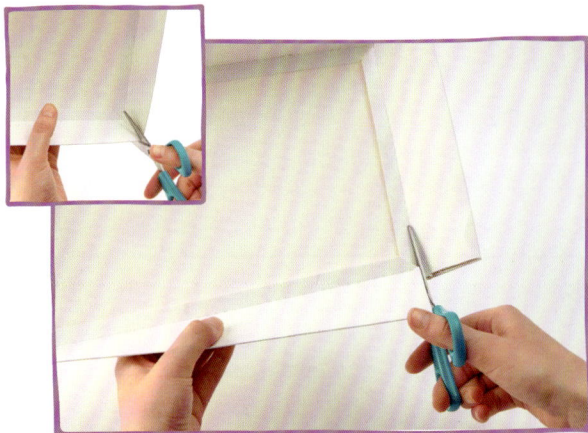

1 先改装鞋盒的盖子。剪开盒盖的每个角，将侧边压平，然后剪掉侧边，只留下长方形的顶盖。

2 将鞋盒放在长方形的顶盖上，然后在顶盖上描鞋盒的轮廓，再沿着轮廓线修剪顶盖，使它与鞋盒底面的尺寸完全相同。

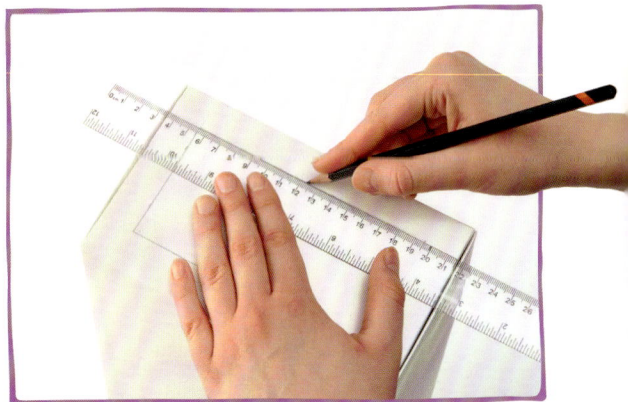

3 在鞋盒一端的侧面，在距每条边2厘米的地方做标记。然后连接标记，形成一个长方形。

这个长方形的开口将成为照相机的观察屏幕。

4 用铅笔在长方形内扎一个孔，然后将剪刀插入孔中，沿着内部长方形的边进行裁剪，得到一个长方形开口。

5 将开口的周边涂成黑色，然后将鞋盒的整个内部和鞋盒顶盖的其中一面涂成黑色。晾干。

6 现在制作屏幕。取一张描图纸，使它的大小除了能覆盖开口之外，还在四周留出1.5厘米宽的边框。裁剪描图纸。

7 用胶水将描图纸粘贴到鞋盒内侧的开口上，然后按压直到胶水凝固。

8 将顶盖用胶带粘贴在鞋盒上面，黑色的那一面朝内，不留任何能让光线进入的缝隙。将鞋盒外表面涂成黑色。

孔越小，进入盒子的光线就越少，屏幕上的图像就越清晰。

9 在鞋盒的另一个侧面，也就是屏幕的对面，画2条交叉的对角线。在对角线的交叉点，也就是中心点上，用图钉扎一个孔。

通过针孔的光线将在屏幕上投射出颠倒的太阳图像。

黑色吸收光线，因此鞋盒内不会反射光线，从而使太阳图像保持清晰。

针孔会让微量的光线进入。

10 将鞋盒的针孔对准太阳（但是切勿直视太阳），你会发现，太阳的图像出现在了屏幕上。

作用原理

针孔照相机的正面阻挡了几乎所有的太阳光线，除了穿过针孔的那部分。光线一旦进入照相机，就会再次分散开，在屏幕上形成图像。由于光线在穿过针孔时会上下交叉，因此你在屏幕上看到的图像是颠倒的。

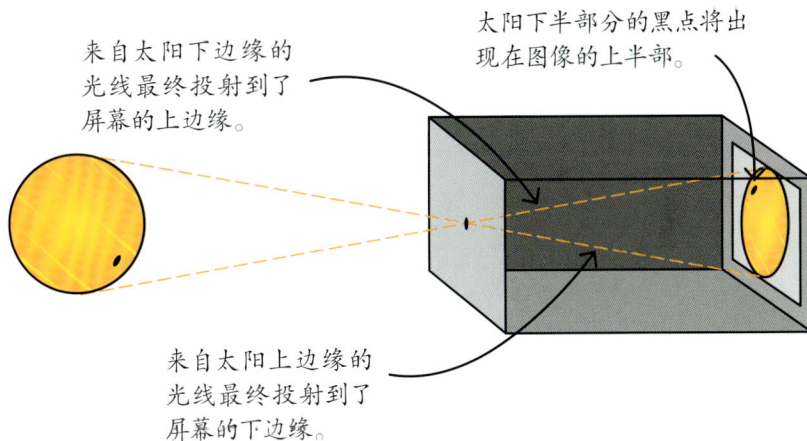

来自太阳下边缘的光线最终投射到了屏幕的上边缘。

太阳下半部分的黑点将出现在图像的上半部。

来自太阳上边缘的光线最终投射到了屏幕的下边缘。

太空科学
什么是日食？

当月球运行到太阳和地球之间时，太阳会将月球的圆盘状阴影投射到地球表面。如果你处于被阴影覆盖的地区，就会观察到日食现象。从右图可以看到，日食在地球、月球和太阳排成一条直线时才会发生，观察者在阴影内的不同区域会观察到日全食或不同程度的日偏食。本书之后还会介绍一种天文现象——月食（参见第152页）。

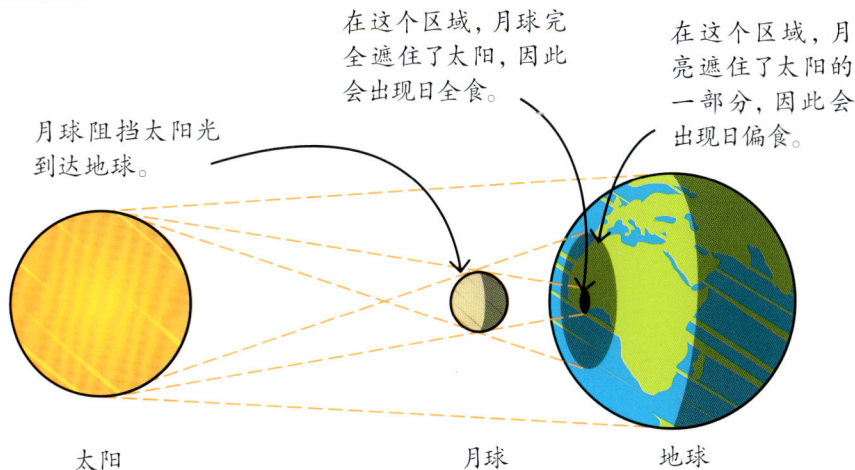

月球阻挡太阳光到达地球。

在这个区域，月球完全遮住了太阳，因此会出现日全食。

在这个区域，月亮遮住了太阳的一部分，因此会出现日偏食。

太阳　　　　　月球　　　　地球

重力实验

地球重力让我们可以站在地面上，太阳的引力拉着地球，让地球可以围绕太阳运行。但地球的重力对不同物体的影响一样大吗？让我们制作一个弹弓，看看不同重量的物体分别能飞多远。

什么是万有引力？

万有引力是物体和物体之间彼此吸引的力。物体的质量越大，物体和物体之间的距离越近，引力就越强。地球表面附近的物体所受到的地球引力是我们通常所说的重力。

弹弓利用储存在拉伸的橡皮筋中的能量（势能）将球弹射到空中。

使用大小相近但质量不同的球，然后比较它们被弹射出去的距离。

将卷尺放在地上，测量球被弹射出去的距离。

如何进行
重力实验

你可以做一个简单的弹弓，然后用它弹射大小相近但重量不同的球。问一问身边的成年人你可以在哪里进行这项实验，这是因为球可能会飞得比你预期的还要远！

时间
30分钟

难易程度
容易

安全提示
询问成年人在哪里可以安全地进行这项实验

所需材料与工具

直尺

铅笔

5厘米长的圆棍

强力胶带

秤

2根25厘米长的圆棍

卷尺

大小相近但重量不同的球

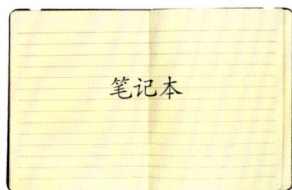
笔记本

长橡皮筋

1 用铅笔在2根25厘米长的圆棍上距离一端13厘米处分别做标记。

2 剪一段18厘米长的强力胶带，将它有黏性的一面朝上放在工作台上。将5厘米长的圆棍放置在胶带上，靠近一侧的边缘，如图所示。

3 将2根较长的圆棍放在较短的圆棍的两端，使较长的圆棍上的铅笔标记与较短的圆棍的两端分别相接，并将2根较长的圆棍交叉放置，如图所示。

4 将胶带的一端折到较长的圆棍和较短的圆棍之间，覆盖这两根圆棍。将另一端的胶带同样折到另一边的圆棍上。

此时，两根较长的圆棍仍然相互交叉。

5 将胶带的两端向下折叠，裹住较短的圆棍的另一面。然后按压所有部分，使它们牢牢地粘在一起。

两根圆棍的端点被固定在一起，中间被撑开，开始储存势能。

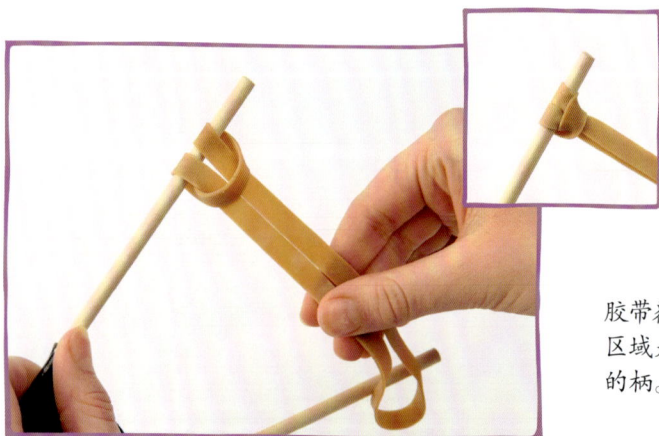

6 轻轻地拉开两根较长的圆棍，使它们不再交叉，两个端点并在一起，然后用另一条胶带固定它们。

7 用胶带缠绕较长圆棍的下半部分，然后用一条胶带由下往上粘贴三角形的一面，包裹住短圆棍，然后再从上往下绕过三角形的另一面。

8 将橡皮筋拉直，一端绕过圆棍打一个结，另一端向里折，形成一个圈，将另一根圆棍的一端穿过这个圈。

胶带覆盖的区域是弹弓的柄。

9 拉紧橡皮筋，你就可以用这个弹弓进行实验了。

	重量	弹射的距离	笔记
乒乓球			
橡皮泥球			
橡皮筋球			
橡皮球			

拉伸橡皮筋来储存势能。当你松手时，势能会被释放，把球弹射出去！

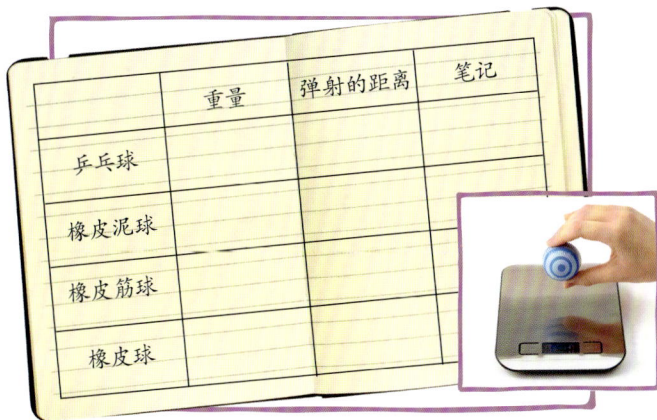

10 画一张表格，记录不同材质的球被弹射出去的距离。称量每个球，将它们的重量记在表格里。

11 在地面上展开卷尺，用来记录距离，然后站在卷尺的起点，依次将每个球用弹弓弹射出去。每次橡皮筋拉伸的长度应当相同，并将球水平射出。

每次都在同一高度，瞄准同一方向，并且将橡皮筋拉伸相同的长度。

一只手握住柄，另一只手将球放在橡皮筋上，向后拉，然后瞄准，发射！

作用原理

重力以相同的速度将空中的物体向下拉，无论物体有多重，向下的加速度都是相同的，因此落地时间也相同。也就是说，球向前飞行的时间是一样长的。然而，有些球会飞得更远，这是为什么呢？尽管弹弓将相同的势能传递给了每一个球，但这一能量能给较轻的球提供更高的速度，使它们在落地前飞得更远。

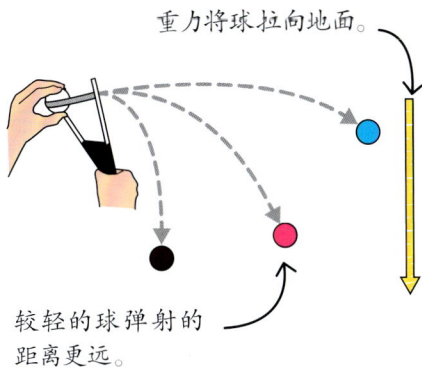

重力将球拉向地面。

较轻的球弹射的距离更远。

太空科学
重力差异

在整个太阳系中，卫星和行星具有不同强度的重力。月球的重力只有地球的六分之一，我们可以在月球的表面跳得很高；而木星的重力非常强大，大到我们连脚都抬不起来。

你在月球上能跳得比在太阳系的任何行星上都高。

在地球上你能跳多高？

木星是由气体构成的，但如果你能站在它上面，你会很难跳起来。

地球   月球   木星

星座灯罩

用这个星座灯罩将夜空带进你的卧室。天空中有成千上万颗星星，天文学家将它们组织成了星座，每个星座都有自己的名字。你会将哪些星座留在你的床边闪闪发光呢？

什么是星座？

星座是从地球上可以看见的恒星群。天空中有88个星座，它们像拼图一样被拼在一起，覆盖着整个天空（参见第147—149页）。

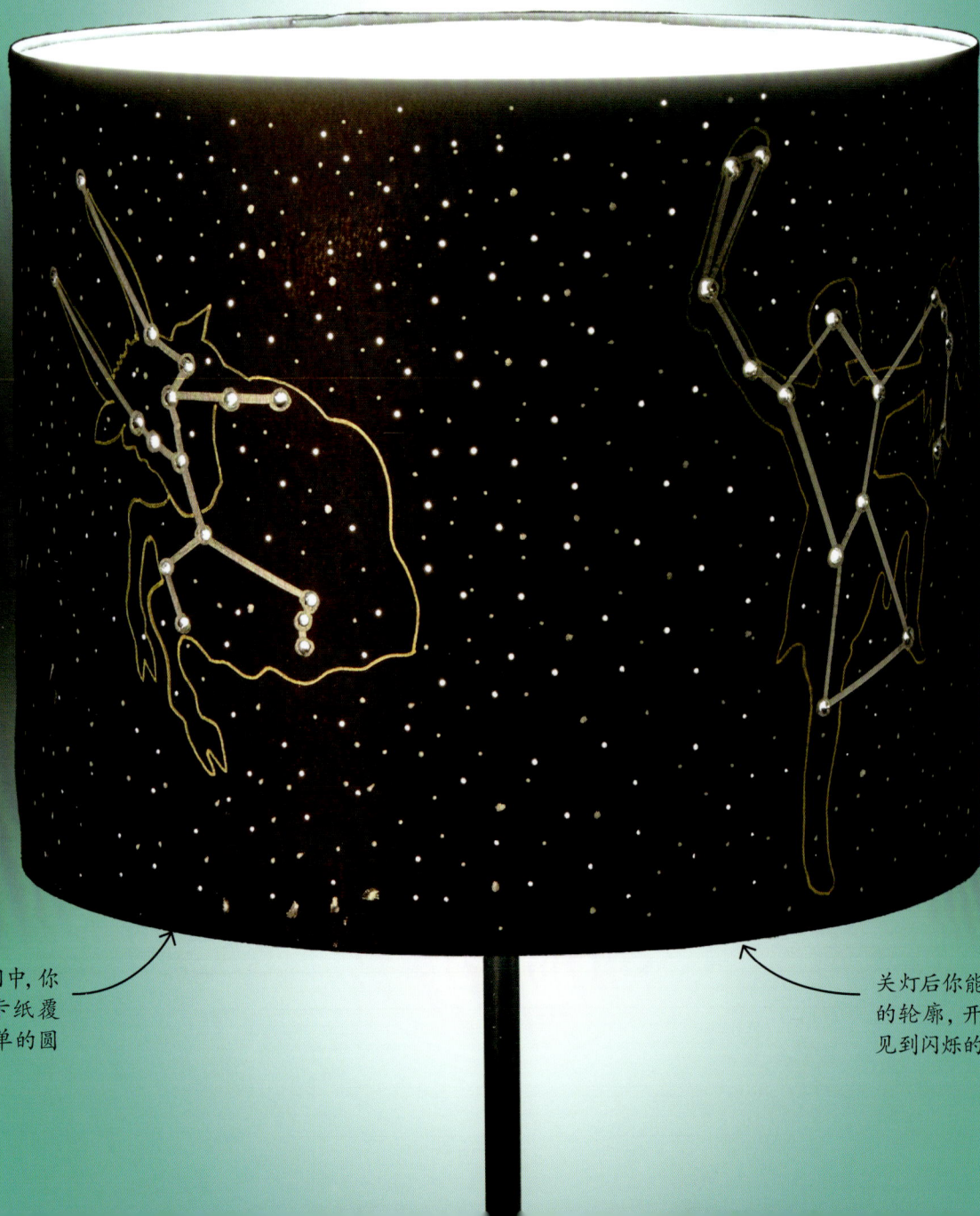

在这个项目中，你将用黑色卡纸覆盖一个简单的圆柱形灯罩。

关灯后你能看见星座的轮廓，开灯后你能见到闪烁的星星。

如何制作
星座灯罩

从书中或上网查找，选择你想要用于这个项目的星座，你也可以研究不同文化中的星座。根据灯罩的大小，你可能需要四五个星座。

时间
1.5小时

难易程度
容易

安全提示
请成年人将灯罩
安装到台灯上

所需材料与工具

直尺

铅笔

美纹纸胶带

剪刀

皮卷尺

粗银色笔和细银色笔

图钉

白乳胶

粗金色笔

瓦楞纸板

描图纸

黑色卡纸

台灯和圆柱形
灯罩

1 测量圆柱形灯罩的高度和圆的周长。在周长的基础上加2厘米，以便重叠卡纸。

2 在黑色卡纸上画一个长方形（长与宽为步骤1的测量结果），然后将它剪下来，并且围在灯罩上检查一下它的尺寸是否合适。

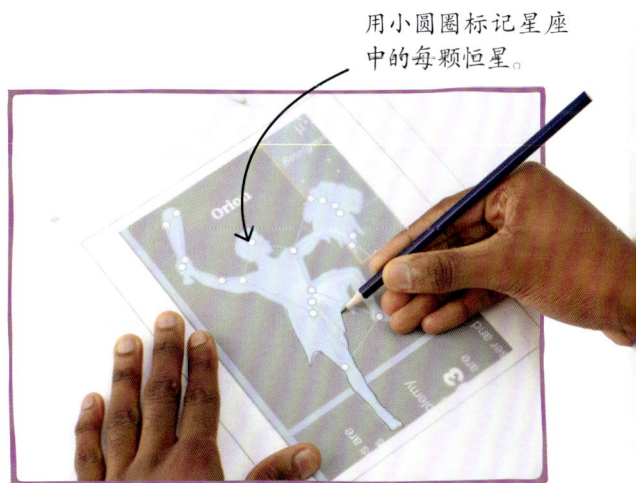

用小圆圈标记星座中的每颗恒星。

3 在描图纸上描画每个星座的恒星、连线和轮廓。然后将描图纸翻面，再描画一遍。

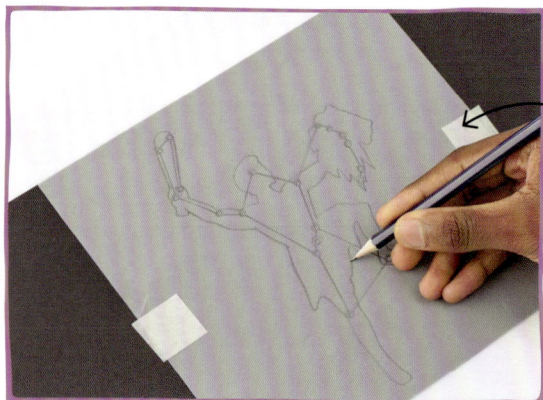

描画时，用美纹纸胶带将描图纸固定好。

4 再次将描图纸翻面，放在长方形的黑色卡纸上，用铅笔描画星座的每个恒星、连线和轮廓，从而将它们转印到黑色卡纸上。

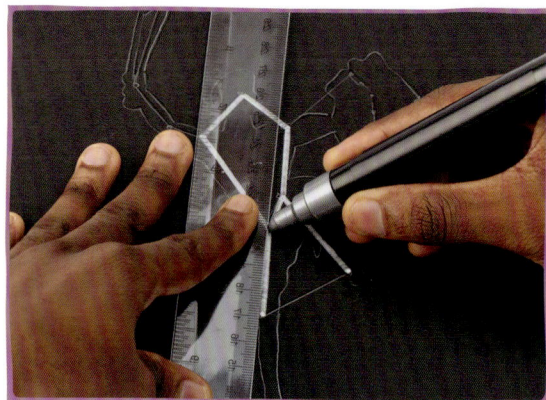

5 用粗银色笔和直尺仔细地描画黑色卡纸上的连线，将代表每颗恒星的小圆圈连接起来。

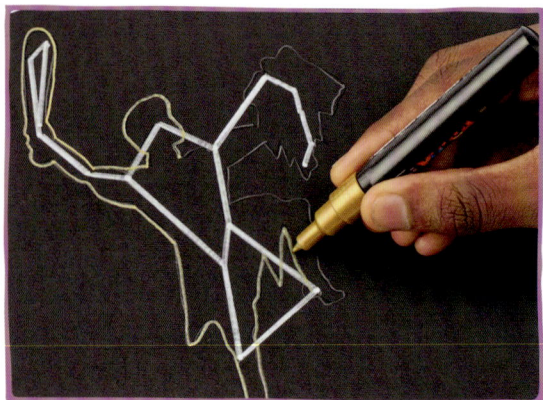

6 接下来，用粗金色笔在铅笔留下的痕迹上描画每个星座的轮廓。

将一片瓦楞纸板放在长方形黑色卡纸下面，以保护下方的桌面。

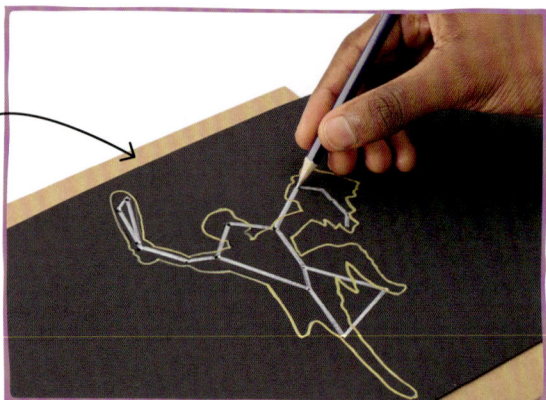

7 用铅笔在每个代表恒星的小圆圈上扎一个小孔。

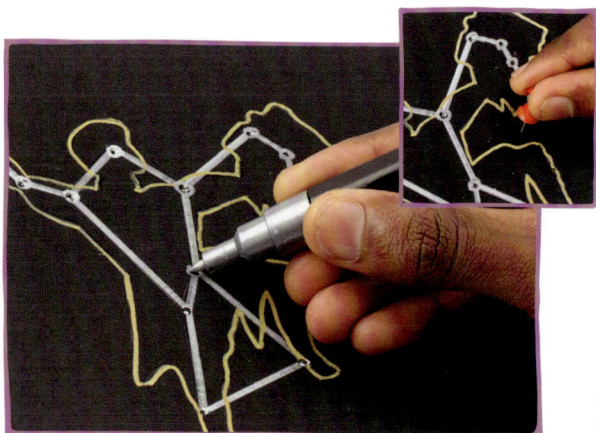

8 用细银色笔在每个恒星小孔周围画一个小圆圈，然后用图钉在长方形黑色卡纸上随机扎孔。

天空中大约有6000颗足够明亮的恒星，从地球上用肉眼就能看见。

9 用细银色笔在图钉扎的孔之间添加一些银点。当灯光熄灭时，这些点是白天的星星。当灯光亮起时，在步骤8中扎的孔是夜晚的星星。

10 在长方形黑色卡纸的顶部和底部涂胶水，将它粘在灯罩上，然后按住直至胶水凝固。请成年人将灯罩安装到台灯上。现在，无论是白天还是晚上，你都拥有一小片"星空"了！

恒星是遥远的、可以发出热和光的巨型气体球。

天空中的每颗恒星和其他天体都位于某个星座内。

太空科学
星座的名称

　　星座的名称是怎么来的？自史前时代以来，人们就观察到天空中一些很亮的星星构成了特殊的图案，也就是星座，并且以物体或生物的名称给它们命名。虽然这些星座常常包含相同的恒星，但是不同文化背景的人们给它们起的名称却不同。例如，同样是摩羯座，印度天文学家构想的是鳄鱼，而欧洲天文学家构想的是一种羊头鱼尾的生物。有时，同一星座也会被具有不同文化背景的人分别构想出来。

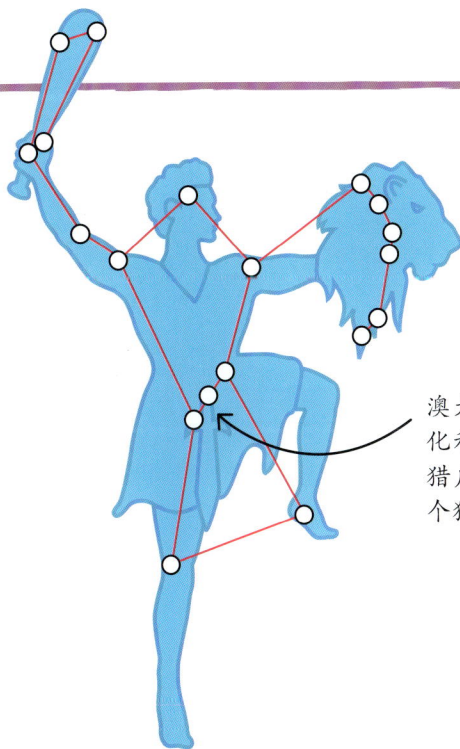

澳大利亚原住民文化和欧洲文化都将猎户座构想成了一个猎人的形象。

希腊天文学家将摩羯座命名为Capricornus，意为"有角的山羊"，而印度天文学家则将它命名为Maraka，意为"鳄鱼"。

加拿大的米克马克人和古希腊人都透过大熊座看到了一只大熊的轮廓。

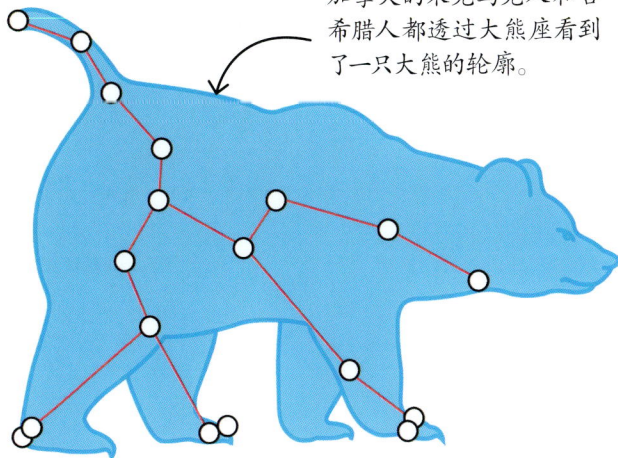

盘子上的"地球"

地球的外壳（地壳）下包裹的部分主要可以分成三层——地幔、外核和内核，我们摆在盘子上的蛋糕也是如此。跟着下面的步骤烘焙蛋糕，把多层的"地球"做出来吧！

在这个项目中，我们制作了一块半球形的蛋糕。你也可以制作2块半球形蛋糕，然后将它们合成一个完整的地球。

对着地图册复制大陆的形状，或从靠谱的网站上打印地图。

地球的赤道直径为12756千米，但是这块蛋糕小到可以放在盘子上。

地球内部

45亿年前，太空岩石相互碰撞，释放的热量使太空岩石熔化并结合在一起，形成了地球。万有引力将重量大的元素拉向中心，形成了一个大部分区域至今仍处于熔融状态的核心。随着时间的推移，地球逐渐冷却，并凝固成层（见第57页），岩石地壳被海洋和陆地所覆盖。

用绿色的翻糖制作"岛屿"和"大陆"。

用蓝色的翻糖制作覆盖了地球大部分的"海洋"。

切开蛋糕就可以看见不同颜色的层次，就像地球的内部分层一样。

如何制作
盘子上的"地球"

这是半个"地球"的食谱，虽然不完整，但至少它不会从盘子里滚出来！如果你想制作一个完整的地球蛋糕，那就烘焙两个半球，然后用热果酱将它们粘在一起。

时间	难易程度	安全提示
3小时，另加冷却时间	中等	请成年人帮你使用烤箱

所需材料与工具

10厘米、18厘米和22厘米的半球形蛋糕模具

擀面杖

木勺

铅笔

冷却架

糕点刷

剪刀

小碗

2汤匙果酱

糖粉

大号、中号、小号的搅拌碗

335克中筋面粉

335克幼砂糖

335克软化的黄油

蓝色和绿色的翻糖

红色、橙色和黄色的食用色素

描图纸

塑形工具

调色刀

汤匙

烧烤扦

烘焙环

抹刀

画笔

6个中等大小的鸡蛋

1 首先将手洗干净，然后在蛋糕模具上涂软化的黄油，再撒上面粉，以防蛋糕粘在上面。

2 在大号搅拌碗中，用木勺将幼砂糖和黄油搅拌在一起，直到混合物变得蓬松。

3 加入一个鸡蛋，然后将混合物完全搅匀。继续加鸡蛋，每次加一个，然后搅拌均匀。

4 轻轻地搅拌面粉,将面粉加到混合物中,直到所有食材完全混合在一起。

将混合物大致分成几份,不必太精确。

5 将一半的混合物留在大号搅拌碗中,将另一半混合物中的大约三分之二放入中号搅拌碗中,三分之一放入小号搅拌碗中。

不断地添加色素,直到它变成你想要的颜色。

6 将一些黄色食用色素加入小号搅拌碗中,轻轻地搅拌,直到它们充分混合。

7 重复步骤6,将橙色食用色素加入中号搅拌碗中,然后将红色食用色素加到大号搅拌碗中。

地球内核的直径约为2500千米。

8 现在,你已经准备好了3种不同颜色的蛋糕混合物,可以将它们转移到蛋糕模具中了,此时可以先将烤箱预热至180℃。

9 将黄色的蛋糕混合物放入步骤1中准备的10厘米的蛋糕模具中,然后将混合物抹平。

要测试蛋糕是否烤熟，你可以插入一根烧烤扦。如果烧烤扦拔出来时是干净的，说明蛋糕已经熟了，否则应当再烘烤一段时间。

10 将蛋糕模具放在烤盘中的烘焙环上，以保持水平，然后将烤盘放入已经预热好的烤箱中，烘烤20分钟。烤好后，请成年人戴着烤箱手套将蛋糕从模具中取出，放在冷却架上冷却。

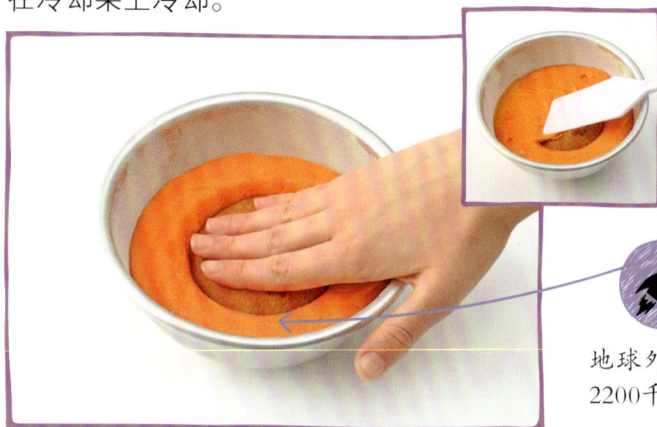

11 与此同时，将橙色的蛋糕混合物放入18厘米蛋糕模具中，用汤匙在中心挖一个洞。

12 将冷却的熟蛋糕的圆顶朝下，轻轻按入上一步挖出的洞中，使它位于橙色混合物的内部。用橙色混合物覆盖已经烤熟的蛋糕，然后用抹刀抹平。

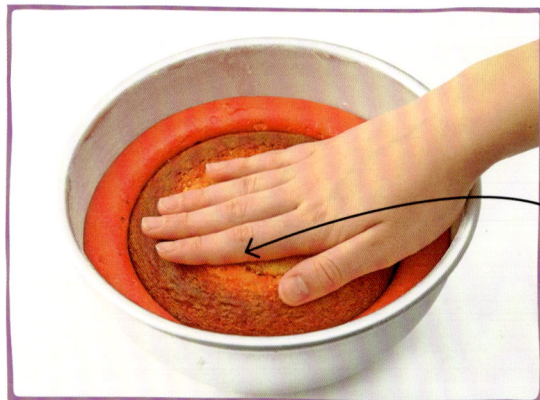

地球外核厚约2200千米。

13 放入烤箱中，烘烤约30分钟。和步骤10一样，用烧烤扦进行测试，如果熟了，就放在冷却架上冷却。

14 将红色的蛋糕混合物放入22厘米的蛋糕模具中。在中间挖一个洞，将冷却后的熟蛋糕轻轻地按入洞中。

将熟蛋糕圆顶朝下，轻轻地按入洞中。

15 当熟蛋糕刚好没入红色的蛋糕混合物时，让红色的蛋糕混合物覆盖在烤熟的蛋糕上，然后用抹刀抹平。

16 烘烤约40分钟，然后用烧烤扦测试，确认蛋糕已经烤熟（参见步骤10），然后将它放在冷却架上冷却。

地幔的厚度约为2900千米。

17 蛋糕的圆顶朝下摆放。请成年人帮你用调色刀小心地将蛋糕底部刮平，使蛋糕能被平放在盘子上。

18 用一汤匙热水稀释果酱，然后在蛋糕的圆顶上刷一层稀释过的果酱。

黏稠的果酱会将翻糖粘在热蛋糕上。

在工作台上撒一些糖粉，以防糖霜粘在上面。

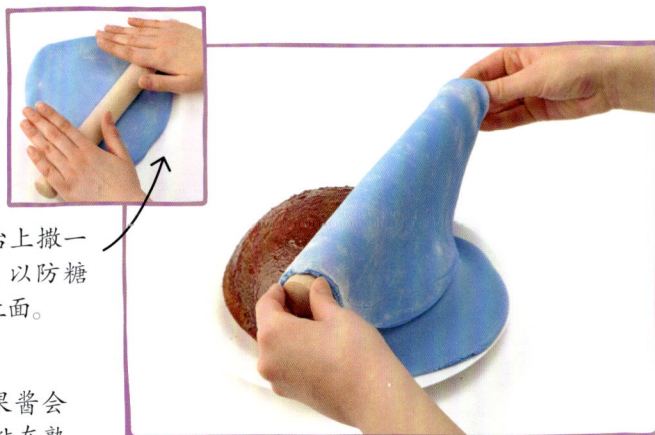

19 将蓝色的翻糖擀成厚度为5毫米的薄片，它应当大到足以覆盖蛋糕。用擀面杖将翻糖提起，放到蛋糕上。

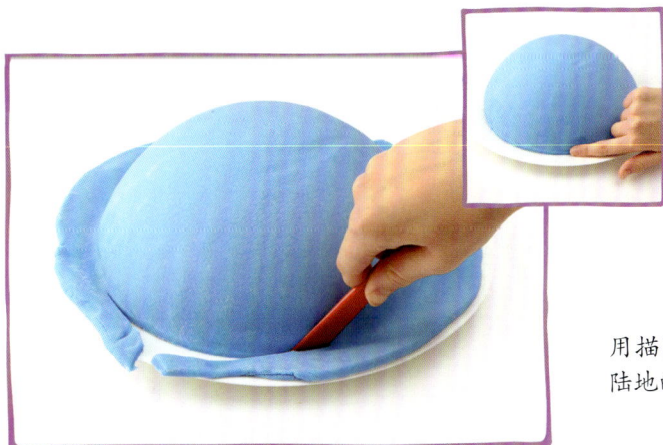

20 从上到下抚平蛋糕上的翻糖，然后用塑形工具切掉多余的部分，并用手指整理边缘。

用描图纸复制陆地的轮廓。

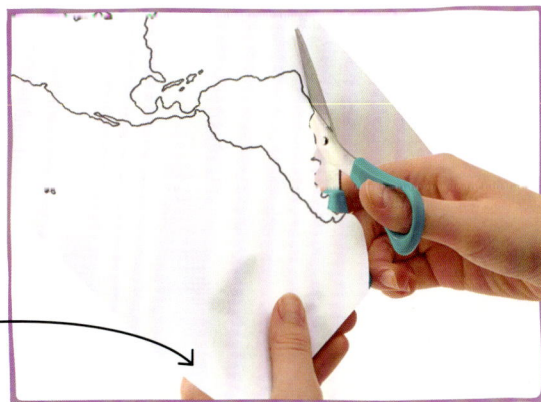

21 你想把地球上的哪些地方放到蛋糕上呢？从地图册或互联网中找到相应的地图，将陆地的轮廓描在纸上，然后剪下来。

22 将绿色的翻糖擀成5毫米厚的薄片，将画着陆地形状的描图纸放在绿色翻糖上，然后用塑形工具沿着轮廓将"陆地"切下来。

不需要太整齐，只需有基本的轮廓即可。

23 将每片"陆地"翻过来，在它们的背面涂上一点水，使它们能粘在蓝色的翻糖上。

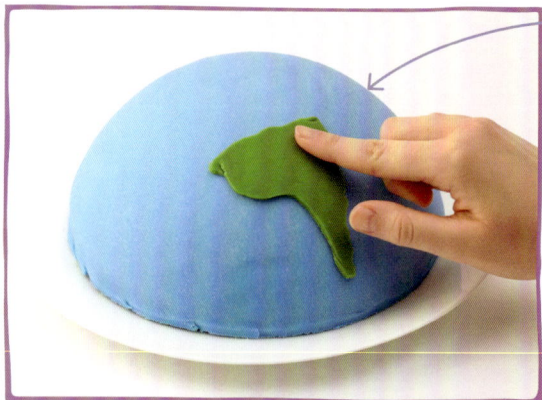

地壳厚薄不一，海洋的地壳薄，一般为5—10千米；大陆的地壳厚，最厚可达70千米。

24 小心地将翻糖"陆地"放在蛋糕上，用手指轻轻地按压它们。

25 将所有翻糖"陆地"安放好后，用塑形工具修理边缘，使边缘平整光滑。

地球的邻居

　　太阳系中，每颗行星的内部和外部看起来都非常不同（参见第30—31页）。你也可以将地球的"邻居"做成蛋糕，将蛋糕的各层染成不同的颜色，并且为它选择合适的装饰，以匹配每个卫星或行星在现实中的表面特征，比如添加一些可食用的亮片，或制作陨石坑，或用卷曲的彩色糖霜来制作云带。

制作一个月球蛋糕，在它的表面涂灰色奶油，代表粗糙的岩石，并且用圆形翻糖模拟月球上的陨石坑。

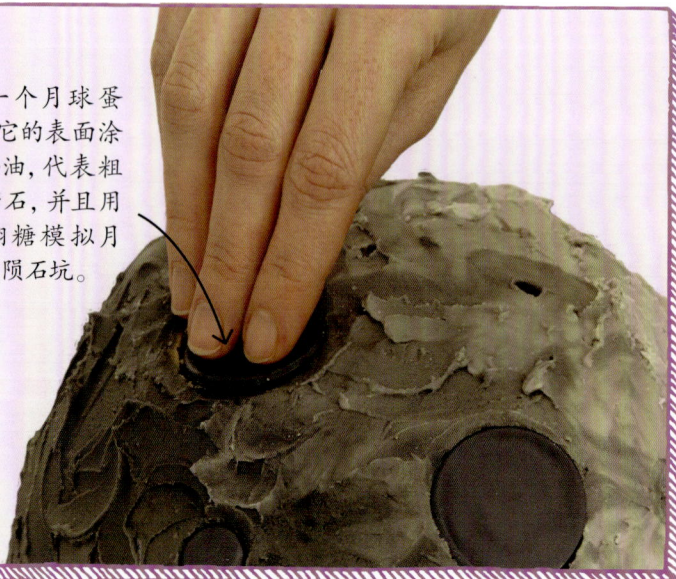

26 将一汤匙糖粉和少许水放入碗中，混合均匀，在海面上画一些飘逸的云彩。切开蛋糕，看看里面的层次。

地球的外壳在陆地比在海洋厚，就像这块蛋糕的外表皮一样。

如果地球是一个苹果，那么地壳就只有苹果皮那么厚。

海洋覆盖了地球表面的70.8%。

太空科学
地球的层次

　　地球的外壳是地壳，由土壤和岩石构成。地壳下面的中间层被称为地幔。地幔里是炽热的、部分熔融的岩石，能缓慢流动，从而将地壳拉向不同的方向，引起地震。地球的地核有两部分：由厚厚的液态岩石组成的外核和固态的内核。

内核由固态的铁和镍构成，它的温度跟太阳表面一样高。

外核由液态金属构成。

重力将地球拉成了一个近乎完美的球体。

厚厚的地幔层大多是致密的硅酸盐岩石，富含铁和镁。

地壳是一层薄薄的岩石。

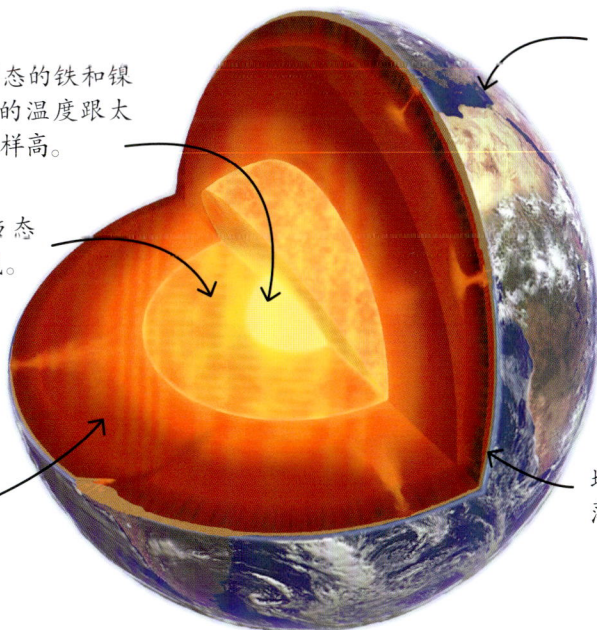

星系画廊

你认为宇宙只是一个巨大而空旷的空间吗？并非如此！宇宙中散布着数十亿个不同形状和大小的星系，例如旋涡星系、椭圆星系和不规则星系。当你用望远镜观察它们时，就会发现它们美得令人惊奇，这也是我们这个有趣的艺术项目的灵感来源。

不规则星系没有规则的形状，其中有明亮的年轻恒星，所以用海绵随机拍打的效果很好。

什么是星系?

　　星系是由恒星、气体和尘埃通过自身引力聚集在一起而形成的巨大的"云团"。有些星系中只有几百万颗恒星,但是有些星系(例如我们的银河系,参见第146—147页)是包含数十亿颗恒星的巨型螺旋体或球体。你在天空中看到的所有星星都是银河系的一部分。

一些大型星系有着长长的旋臂,里面充满了新生的恒星。你可以用柔和的粉笔粉彩画出交织在一起的美丽螺旋线。

旋涡星系从不同的位置看起来会有所不同。水溶性彩铅非常适合画旋涡星系的侧视图。

太空科学
星系的类型

　　星系有多种类型。由暗红色恒星和黄色恒星组成的椭圆形星系被称为"椭圆星系"。由亮蓝色恒星和白色恒星组成的没有明显形状的星系被称为"不规则星系"。而我们的银河系是棒状的旋涡星系，地球就位于它的两条旋臂之间。从我们的位置看，银河系就像一条星云带，环绕着整个天空。

星系之间的碰撞

　　不同的星系会通过碰撞而合并成更大的星系。右图中，两个旋涡星系之间的碰撞改变了它们的形状，并且引发了恒星的新生浪潮。

不规则星系

　　没有规则形状的星系中有很多能诞生明亮的新恒星的气体云。

椭圆星系

　　这类星系是由恒星组成的巨大星团，它们的形状多种多样，既有完美的球形，也有细长的圆柱形。

旋涡星系

这类星系有一个由恒星聚集成的核心，周围围绕着旋臂。

棒旋星系

这类星系是短棒形的，中心由恒星聚集而成，短棒的每一端都有旋臂延伸出去。

透镜状星系

不寻常的星系，看起来就像没有明亮旋臂的旋涡星系。

如何制作
星系画廊

正如星系形成的原因各有不同，这些艺术作品也采用了不同的作画技巧，有不同的风格。你可以先尝试这里的作画技巧，然后再探索更多的画法，绘制出更多美丽的太空天体。

时间　1小时　　难易程度　容易

所需材料与工具

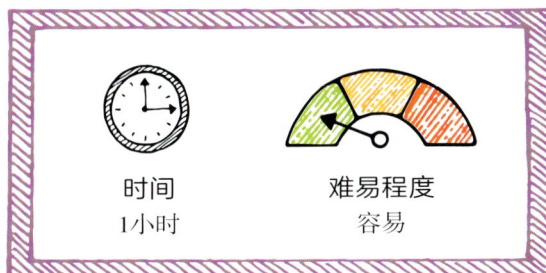

画笔

银色记号笔

黑色卡纸

粉笔粉彩　　天然海绵　　加了几滴水的白色颜料

蘸颜料用的碗

水溶性彩铅

丙烯颜料

旧牙刷

用粉笔粉彩作画

1 拿出粉色的粉彩，从卡纸的中心开始，画两条重叠在一起的螺旋线，将线加粗，然后用蓝色的粉彩添加螺旋形线条。

不要将手放在卡纸上，以免弄脏粉彩。

2 继续画螺旋线，并且添加其他颜色的线条，例如黄色和白色。

用海绵作画

1 用海绵蘸深浅不同的蓝色丙烯颜料，然后轻轻地拍在卡纸上，使颜料的分布在图中有一条大致的对角线。

边缘的颜料斑点较为松散，而中心的斑点则很密集。

2 接下来，在卡纸上轻拍一些黑色颜料，然后是绿松石色和淡紫色。形成粗糙的边缘和缕缕云雾。

用水溶性彩铅作画

1 用黄色铅笔画一个大致的椭圆形，然后沿着椭圆大致涂色，宛如椭圆在向四周扩散。

旋涡星系的中心是非常密集的恒星群，以至于看起来像一片模糊的星云。

2 用白色铅笔在椭圆形的中心涂色，然后回到边缘，再用红色铅笔在边缘画一些松散、粗糙的椭圆形。

3 用手指沿着螺旋线轻轻涂抹粉彩，让颜色混到一起，一直到卡纸的边缘。

许多星系在生长过程中会形成两条旋臂，但是有些星系只有一条旋臂。

4 用旧牙刷蘸稀释过的白色颜料，然后轻弹拂刷毛，在你的画上撒"恒星"。晾干。

3 利用海绵的两端，同时蘸多种颜色的颜料，在卡纸上随意拍打，创作一些不规则的图案。

不规则星系含有大量年轻恒星和尘埃。

4 将画笔在稀释后的白色颜料中蘸一蘸，然后在卡纸上方轻轻敲击画笔，将"恒星"撒在你的画作上。

3 添加粉色和橙色的线条，使中心的线条比较密集，外边缘的线条比较稀疏。

用干净的画笔，蘸少许水。

4 轻轻地在椭圆形彩笔画上抹一点水，使颜色混合到一起。晾干后，用银色记号笔随机地画一些点，把"恒星"加上去。

飞向太空

　　我们是如何认识太空、如何得到有关太空的知识的？这要感谢所有的火箭、漫游机器人、航空探测器，以及进入太空进行探索的人们。在本章中，你将制作火箭、空间站和月球车，以帮助你了解人们为了探索太空而研发的那些不可思议的技术。你还将制作头盔和氧气罐，了解如何在太空中保证航天员的安全。除此以外，本章还将测试你应对太空挑战的技能，例如，如何使航天器着陆，以及如何与空间站对接。

脚踏式
火箭发射台

火箭需要非常大的动力和速度才能摆脱地球的引力飞入太空，而对你制作的这枚火箭和这座发射台来说，你就是动力源。将它们搬到户外，开始倒计时……

火箭被压进来的空气向上推。

当你踩踏塑料瓶时，空气会被挤进火箭发射台，推动火箭升空。

发射进入太空

火箭被发射出去时，先是垂直升空，然后逐渐倾斜。随着速度的加快而逐渐倾斜，最终进入围绕地球运行的轨道。如果火箭的速度足够快，它就不会落回地面。

这根管子将空气输送到火箭发射台内

如何制作
脚踏式火箭发射台

这枚火箭能从你踩塑料瓶时塑料瓶里压出的空气中获得动力。最巧妙的一点是什么呢? 那就是你只需向管子中吹气, 使塑料瓶恢复原状, 就可以用来再第次发射火箭了。

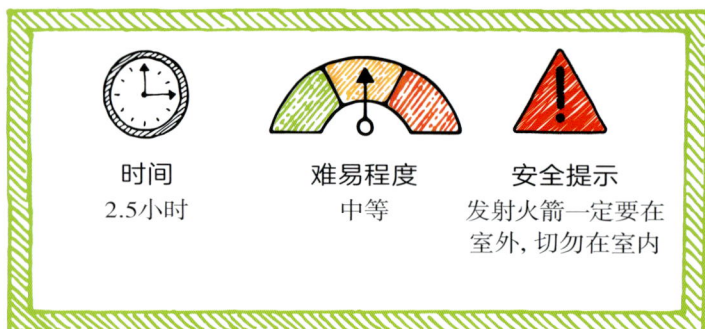

时间
2.5小时

难易程度
中等

安全提示
发射火箭一定要在室外, 切勿在室内

所需材料与工具

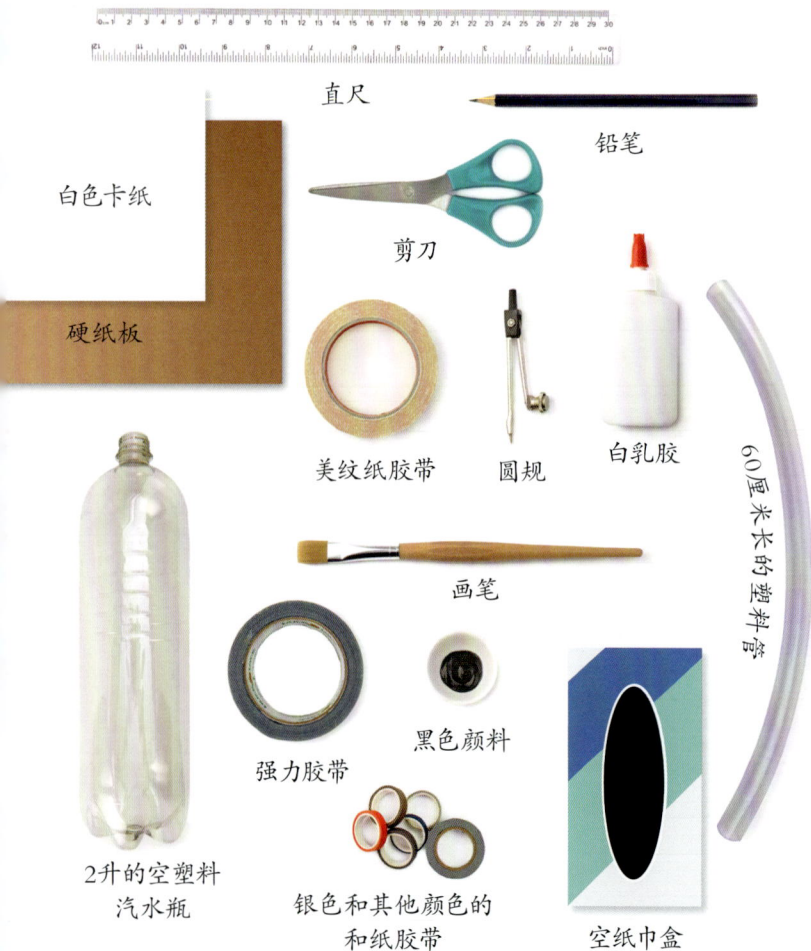

直尺

铅笔

剪刀

白色卡纸

硬纸板

美纹纸胶带

圆规

白乳胶

60厘米长的塑料管

画笔

2升的空塑料汽水瓶

强力胶带

黑色颜料

银色和其他颜色的和纸胶带

空纸巾盒

制作火箭

1 剪一张21厘米×12厘米的白色卡纸, 使卡纸的长边与塑料管平行, 然后将卡纸卷起来, 紧紧地缠绕在塑料管上。

2 沿着卡纸的长边涂胶水, 然后将它粘起来将卡纸筒固定住, 用手按着直至胶水凝固。将塑料管从卡纸筒里抽出来, 然后测量卡纸筒的直径。

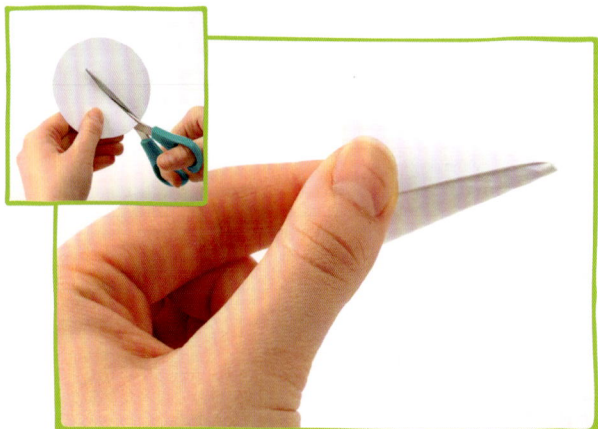

3 在白色卡纸上剪一个半径为4.5厘米的圆, 然后将圆剪成两半。将其中一半卷成圆锥体, 圆锥体底部的直径与卡纸筒的直径相同, 然后用胶水固定它的侧面。

检查火箭主体上的环形条纹是否整齐。

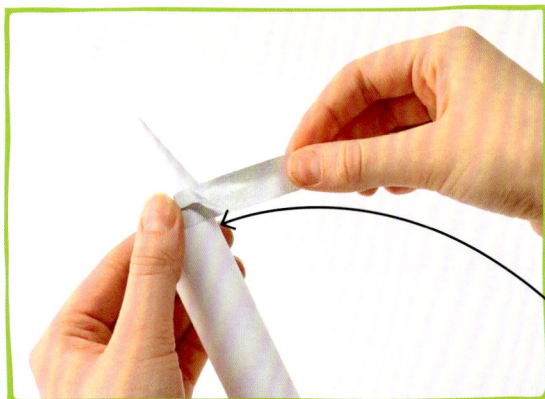

密封连接处，确保空气无法逸出。

4 将圆锥体放在卡纸筒的一端上，然后用银色的和纸胶带将圆锥体固定在卡纸筒上。按压胶带的边缘，把连接处压紧。

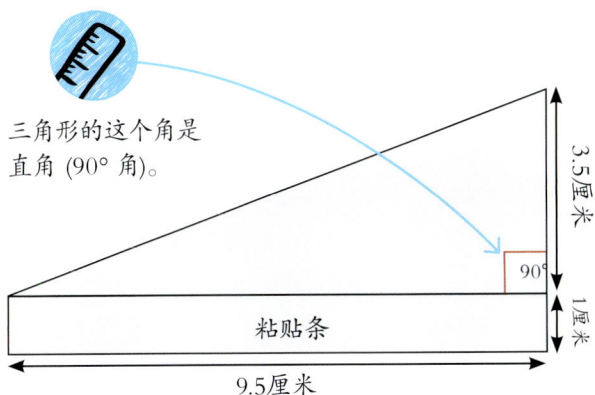

5 按照你的喜好装饰火箭的主体。这里使用的是红色、蓝色和银色的和纸胶带。

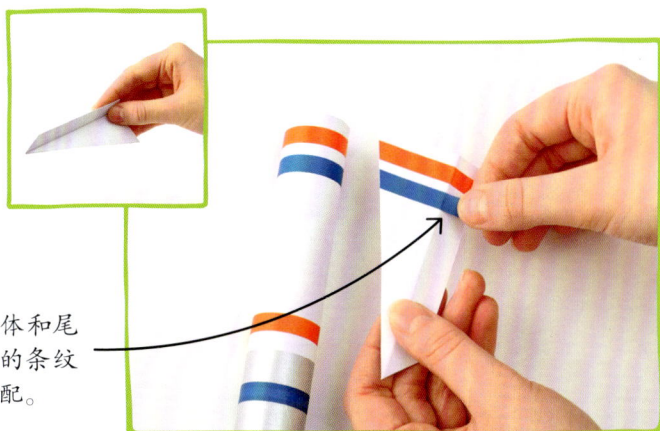

三角形的这个角是直角 (90° 角)。

3.5厘米

1厘米

90°

粘贴条

9.5厘米

6 在白色卡纸上画两个直角三角形，底边长9.5厘米，高3.5厘米。在底边下再画一条1厘米宽的粘贴条。将它们都剪下来。

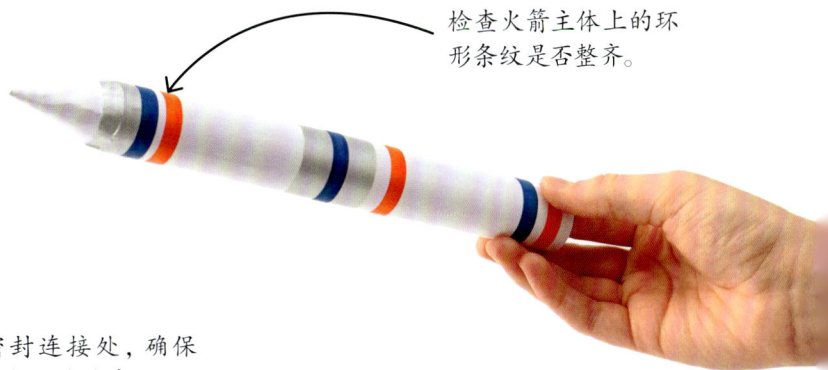

使主体和尾翼上的条纹相搭配。

7 折叠步骤6中剪出的两个粘贴条，可以先将尺子放在折叠线上，折出清晰整齐的折痕，作为火箭的尾翼。然后用和纸胶带装饰尾翼，与火箭主体的造型相搭配。

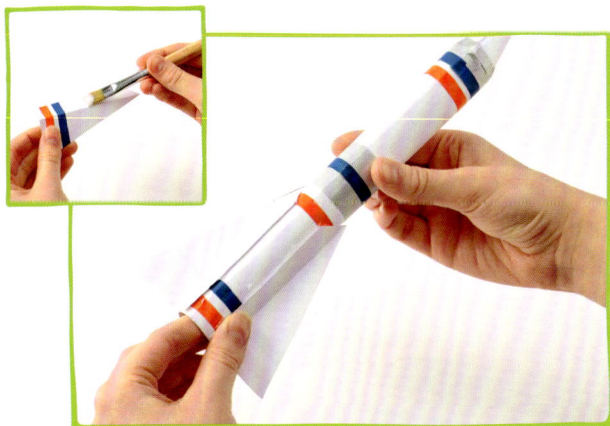

尾翼能增加火箭的稳定性，并且有助于火箭飞得更直。

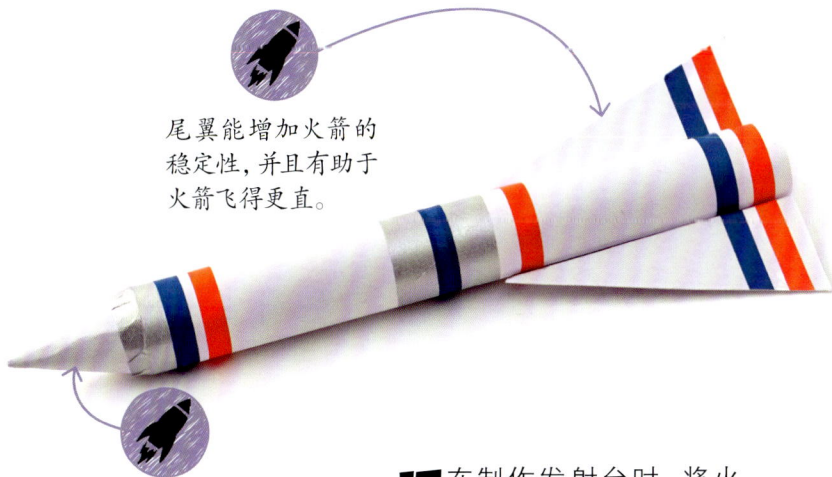

8 在两片尾翼的粘贴条上涂胶水，然后将它们牢固地粘在火箭主体的两侧，如果可以的话，将尾翼上的条纹与火箭主体上的对齐。

锥形的火箭头有助于减少火箭前进时受到的空气阻力。

9 在制作发射台时，将火箭放在一旁，等待胶水彻底凝固。

制作发射台

1 将纸巾盒侧放在硬纸板上，纸巾盒的长边与硬纸板的边缘对齐，然后沿着纸巾盒的另一条长边画一条线。

划出一条宽度与纸巾盒的高度相同的条状硬纸板。

2 沿着这条线剪下硬纸板。将纸巾盒侧放，使它的短边与硬纸板的短边对齐，然后沿着纸巾盒的另一条短边画一条线。

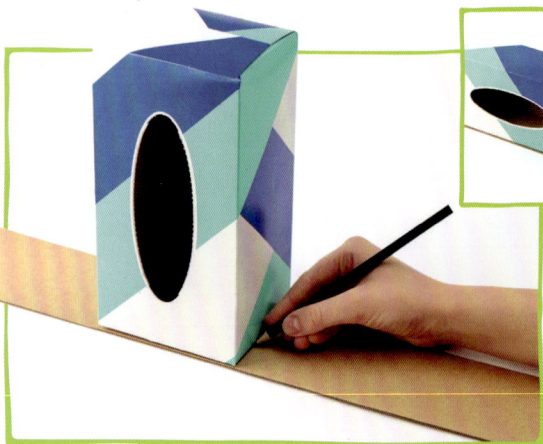

3 将纸巾盒原地竖起来，然后沿着纸巾盒的另一条短边画线。再次将纸巾盒沿此线放倒，再一次沿着纸巾盒的短边处画线。最后，沿着这条线剪断硬纸板。

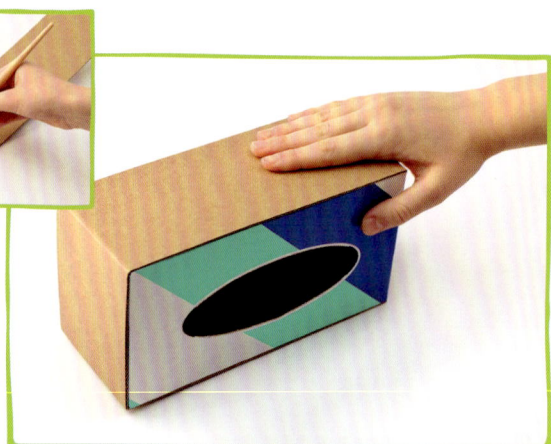

画好第3条线后，剪掉多余的硬纸板。

4 沿着步骤2—3画的线折叠硬纸板，然后将硬纸板套在纸巾盒的3个侧面上，来加固纸巾盒。

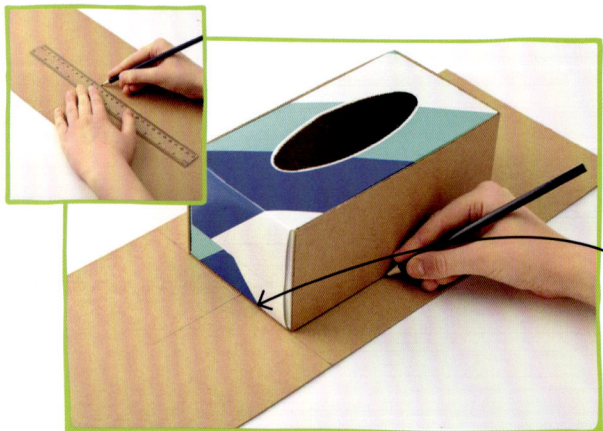

5 剪一片20厘米×50厘米的长方形硬纸板，画一条垂直于长边的、能将长边分成两半的中线，标记中线的中点。将纸巾盒放在中线上，一条短边与中线对齐，然后在硬纸板上画出纸巾盒的底面轮廓。

将纸巾盒未被覆盖的一面与硬纸板的中线对齐，如图所示。

6 剪去纸巾盒底面轮廓之外的部分，但是不要剪开纸巾盒的短边与中线重合的那一段（如图所示）。在剩下的长方形上涂胶水，将纸巾盒的底面牢牢地粘在上面。

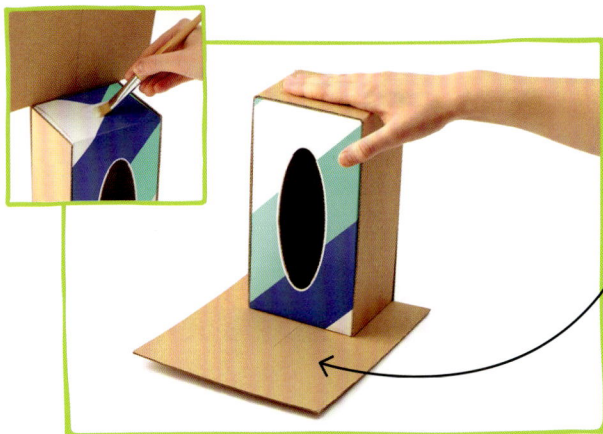

这将是发射台的底座。

用力按压，将硬纸板粘到底座下。

7 在纸巾盒未被硬纸板覆盖的侧面涂胶水，将纸巾盒竖起来，压在硬纸板底座上，并用力按压，直至胶水凝固。

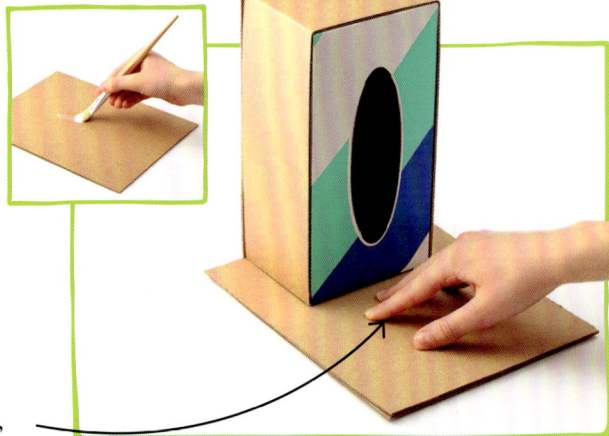

8 另取一片硬纸板，在上面画一个20厘米×25厘米的长方形，将它剪下来，然后用胶水把它粘在底座的下面，使底座更结实。

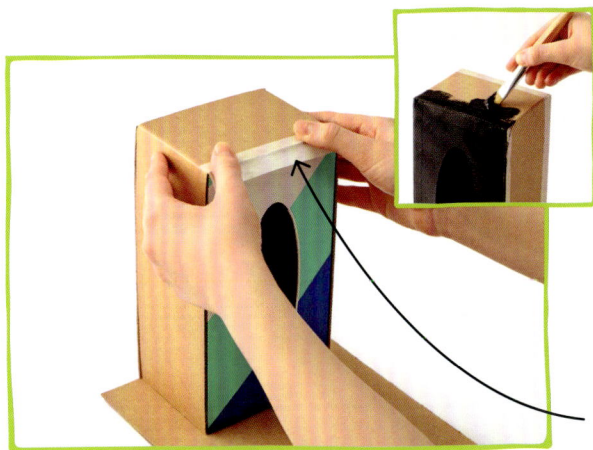

大多数发射台都有一座塔架，用于在发射前使火箭保持直立。

用美纹纸胶带是为了方便你在上面涂颜料。

9 在所有接缝处都贴上美纹纸胶带，然后将整个底座都涂成黑色，晾干，你可能需要涂两层颜料。

10 现在用银色的和纸胶带制作发射台的"钢筋框架"。围绕纸巾盒粘贴4条平行的和纸胶带，将胶带的末端折入纸巾盒正面的开口中。

要找到中点，可以在纸巾盒顶部画两条交叉的对角线，它们的交点就是中点。

你可以用比较细的银色和纸胶带。

11 接下来，在平行的条纹之间沿着对角线贴银色和纸胶带，它们是"钢筋框架"之间的"横杆"。

12 以纸巾盒顶部的中点为圆心，画一个与塑料管侧面一样大的圆。用铅笔在圆上扎一个孔，然后把这个圆剪下来。

准备起飞!

1 将塑料管的一端插入发射台正面的椭圆形开口,然后从顶部的圆孔中穿出来。

发射完毕后,你可以向这里吹气,让塑料瓶重新鼓起来,以便下次继续发射。

2 用强力胶带将塑料管从发射台正面伸出的一端牢牢地固定在塑料瓶上,确保完全密封。

3 小心地将火箭主体套在塑料管上,使火箭竖立在发射台上。

一股快速的气流将火箭发射到空中。

发射台能承受火箭排出的炽热气体。

4 将发射台和火箭搬到室外,开始倒计时。倒计时结束时踩踏塑料瓶,发射! 之后再给塑料瓶重新充气,你还可以再次发射……

踩踏塑料瓶,使空气快速流过塑料管。

发射完毕后,你可以向塑料管里吹气,再次给塑料瓶充气。

作用原理

　　用力踩踏塑料瓶时，瓶中的空气被压入火箭中，由于火箭的顶部是密封状态，压入的空气受到阻拦，产生了一个向上的推力，因此能够推动火箭向上运动。而真实的火箭用发动机产生膨胀的气体，以同样的方式产生推力：气体膨胀，向上推火箭发动机顶部，同时也可以通过底部的排气口喷出，因此火箭被施加了一个整体向上的推力。

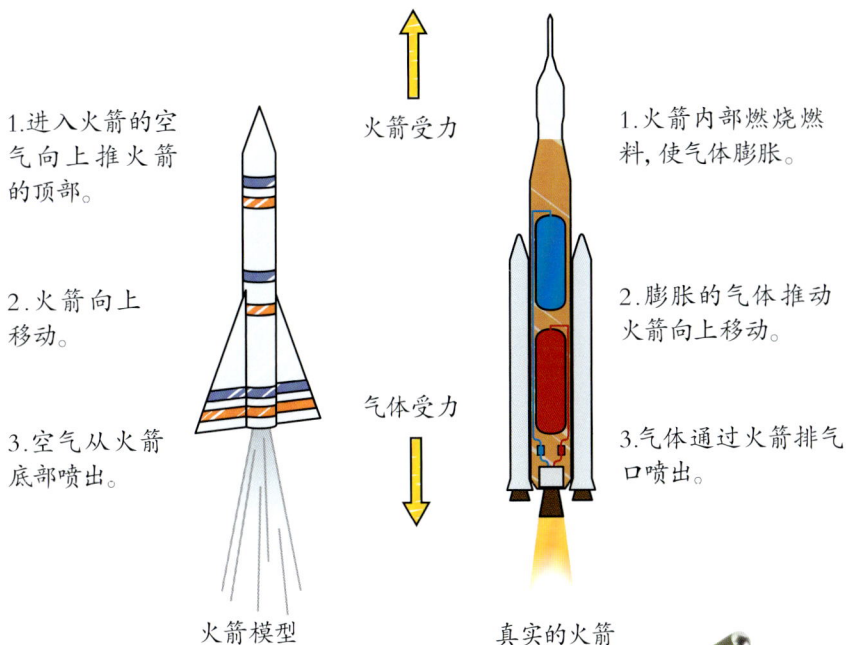

1.进入火箭的空气向上推火箭的顶部。

2.火箭向上移动。

3.空气从火箭底部喷出。

火箭受力

气体受力

火箭模型

1.火箭内部燃烧燃料，使气体膨胀。

2.膨胀的气体推动火箭向上移动。

3.气体通过火箭排气口喷出。

真实的火箭

太空科学

火箭如何到达太空？

　　火箭必须有足够强大的向上推力，才能克服由于自身重量而被地球向下拉的引力，避免落回地面。实现这一目标的方法是使用被称为"推进剂"的固体或液体化学物质，这些化学物质会在爆炸中燃烧，产生的热气从火箭底部的排气口向下喷出。

美国国家航空和航天局的太空发射系统是有史以来最强大的火箭系统之一。

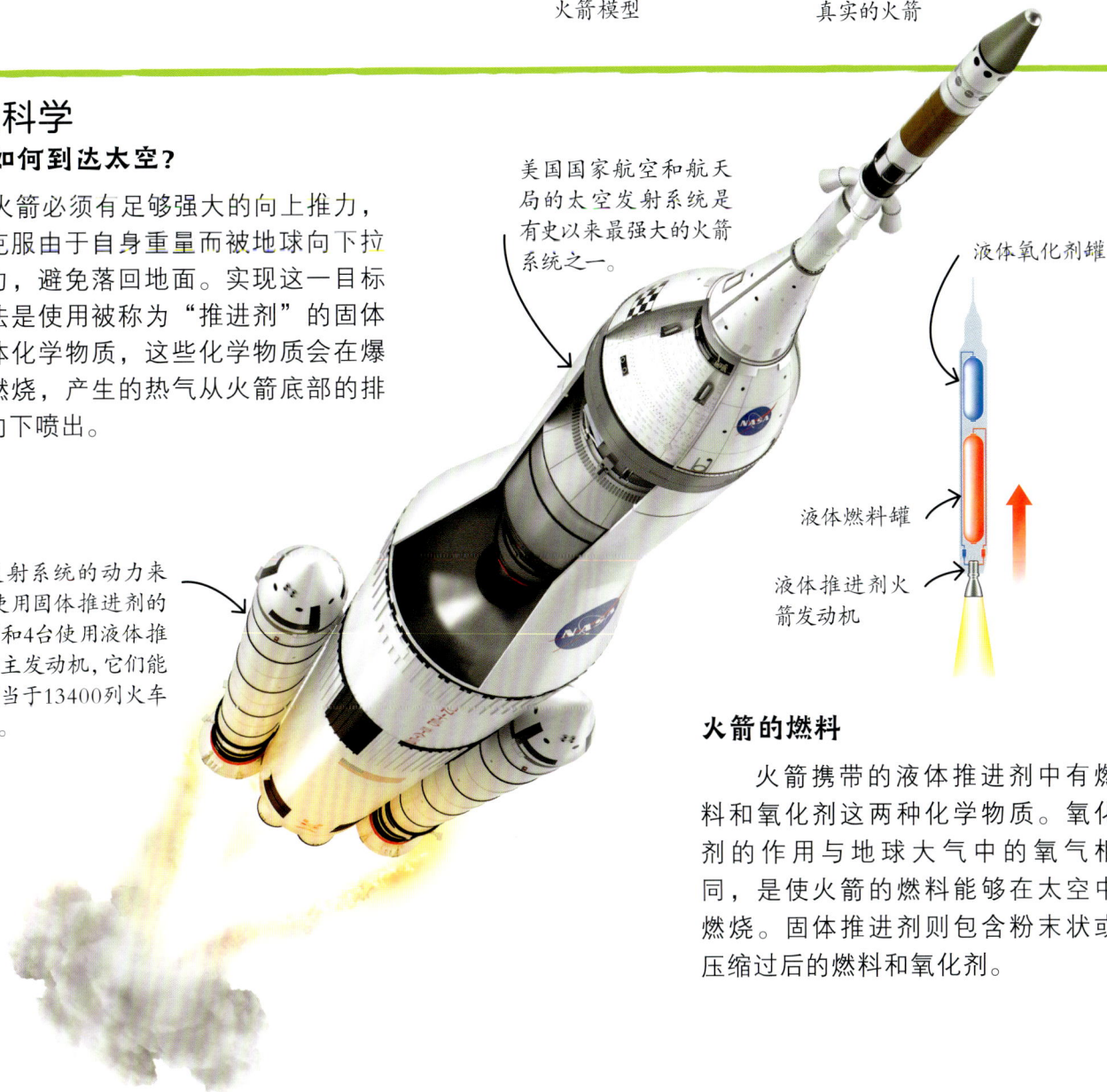

太空发射系统的动力来自2台使用固体推进剂的助推器和4台使用液体推进剂的主发动机，它们能产生相当于13400列火车的动力。

液体氧化剂罐

液体燃料罐

液体推进剂火箭发动机

火箭的燃料

　　火箭携带的液体推进剂中有燃料和氧化剂这两种化学物质。氧化剂的作用与地球大气中的氧气相同，是使火箭的燃料能够在太空中燃烧。固体推进剂则包含粉末状或压缩过后的燃料和氧化剂。

火箭模型

运载火箭是将航天器送入太空的工具。发射之后，火箭部分就会与航天器分离，然后坠落。你制作的火箭模型就像真正的火箭一样，被巧妙地设计成了4个部分。

有些火箭发射时产生的推力相当于30架波音747客机的推力。

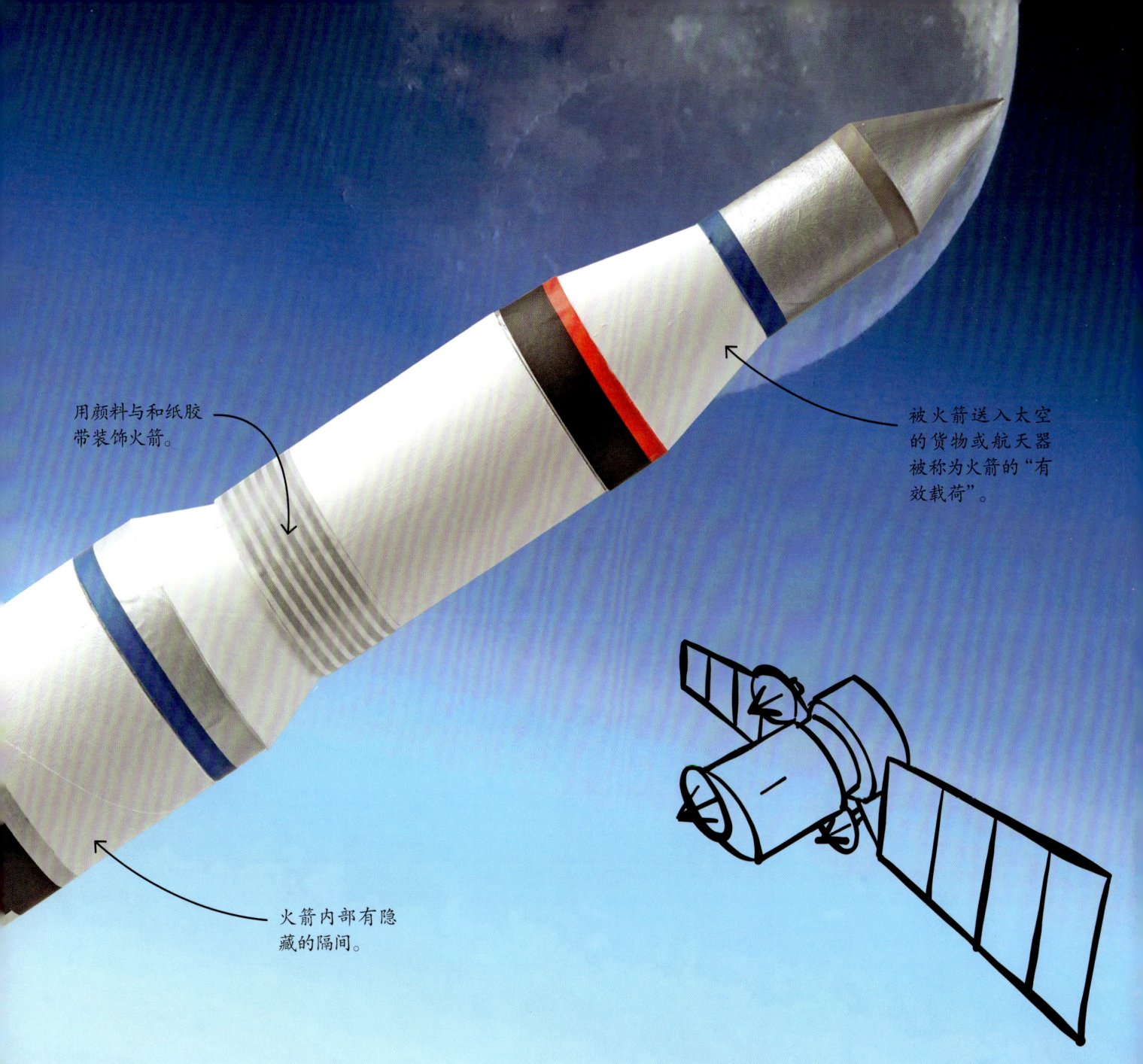

用颜料与和纸胶带装饰火箭。

火箭内部有隐藏的隔间。

被火箭送入太空的货物或航天器被称为火箭的"有效载荷"。

多级推进

　　大多数火箭都是多级火箭，也就是说，它们有好几级，以串联的方式被组合在一起，每一级两侧都装有火箭助推器。发射时最底下的第一级火箭首先启动，推动整个多级火箭上升。第一级在燃料用完后自动脱落，以减轻重量，此时第二级火箭启动，推动剩余的火箭上升，继续向太空前进。

如何制作
火箭模型

　　数个圆锥体和圆柱体插在一起构成了这个火箭模型。为了便于理解，火箭的制作过程被分成了4个部分，其中还包括火箭的外观装饰，但仅供参考，你不妨按自己的喜好装饰你的火箭模型。

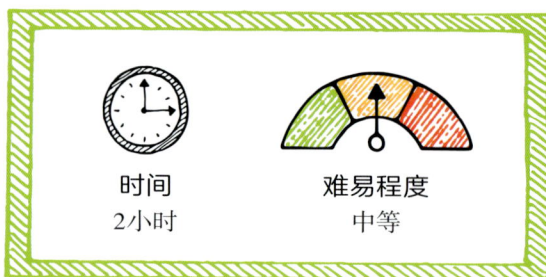

时间
2小时

难易程度
中等

所需材料与工具

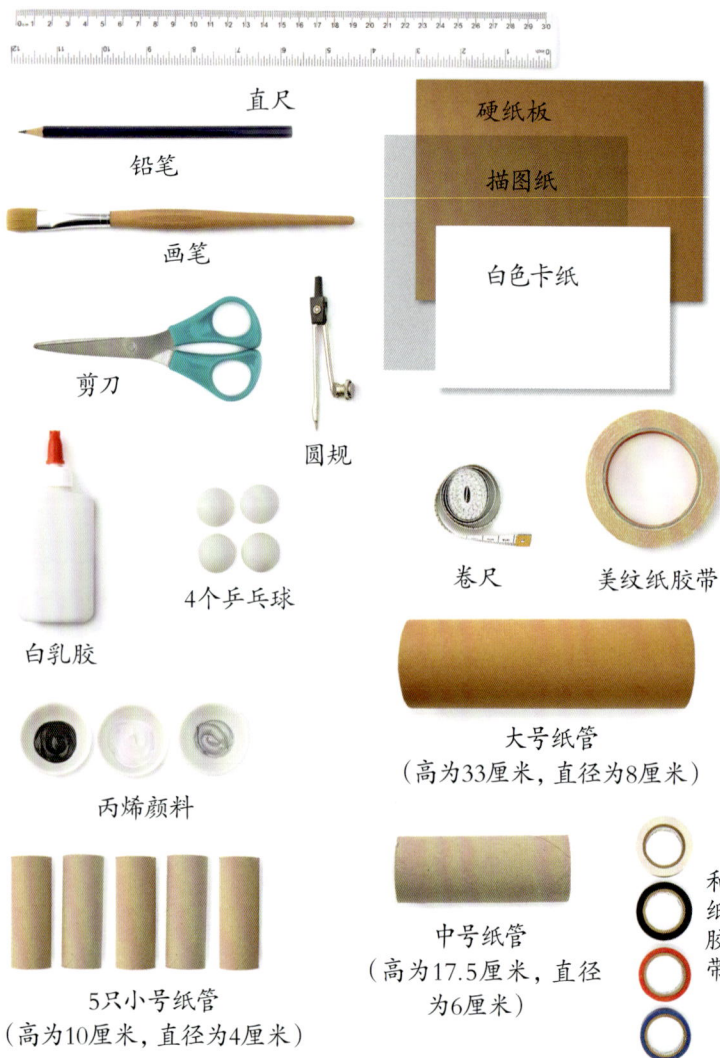

直尺

铅笔

画笔

剪刀

圆规

硬纸板

描图纸

白色卡纸

白乳胶

4个乒乓球

卷尺

美纹纸胶带

丙烯颜料

大号纸管
（高为33厘米，直径为8厘米）

中号纸管
（高为17.5厘米，直径为6厘米）

5只小号纸管
（高为10厘米，直径为4厘米）

和纸胶带

制作第一级火箭

1 在大号纸管上距离一端12厘米处做一圈标记，将标记连成一条圆周线。用铅笔在圆周线上扎一个孔，然后用剪刀插入孔中，将纸管剪成一长一短两部分。

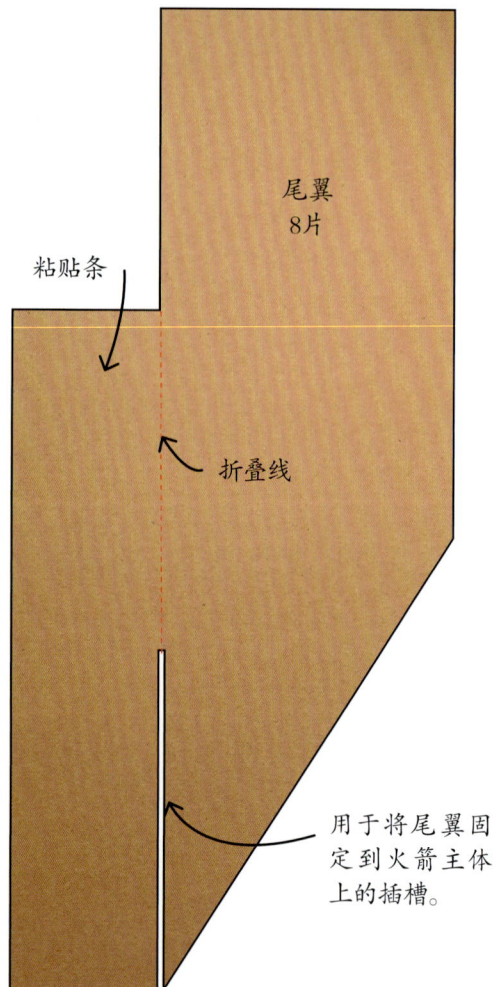

尾翼
8片

粘贴条

折叠线

用于将尾翼固定到火箭主体上的插槽。

2 用描图纸描上图的尾翼，然后将它转移到一张硬纸板上。剪下尾翼，剪开插槽，然后剪7片相同的尾翼。

3 用胶水将尾翼两两粘在一起，但不要将胶水涂到粘贴条上。重复上述步骤，一共制作4组有双倍厚度的尾翼。

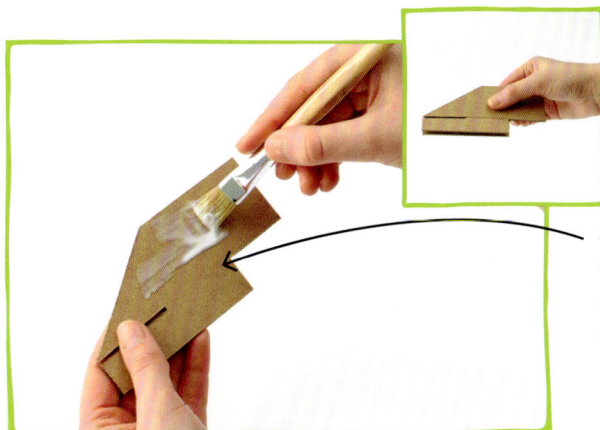

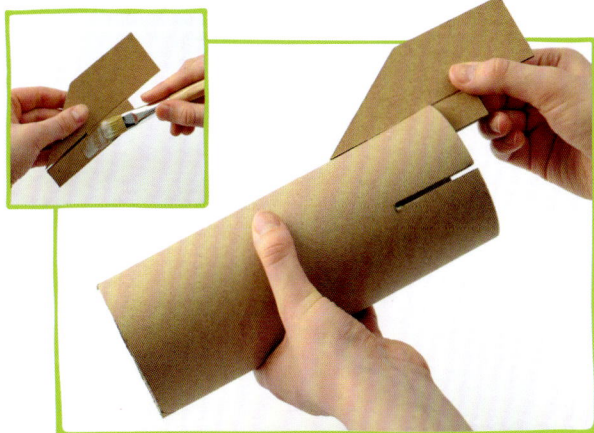

此时不要在粘贴条上涂胶水，这些粘贴条稍后还有用。

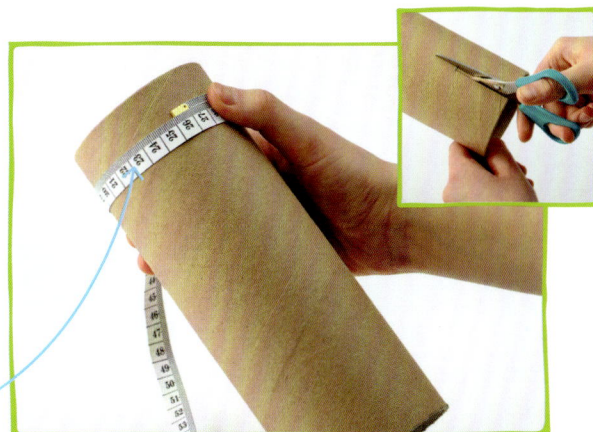

将圆周分成四等份。

4 测量在步骤1中剪下的较长的纸管的圆周长，然后将圆周四等分，用铅笔在每等份之间做标记，然后在每个标记处剪一条5厘米长的插槽。

5 在一组尾翼上的两根粘贴条的外侧涂胶水，然后将尾翼的插槽插入在步骤4中剪的4条插槽之一。

火箭上升时，尾翼有助于火箭保持稳定。

6 将纸管内侧的两根粘贴条向两边折，用力按压，直至胶水凝固。对其他3组尾翼重复上述步骤。

7 将纸管的另一端放在一张硬纸板上，沿着它的轮廓画两个圆，贴着轮廓线的内侧剪下这两个圆，使它们能被塞入纸管。

将圆小心地放入纸管中，然后用直尺或铅笔轻轻地将它向里推。

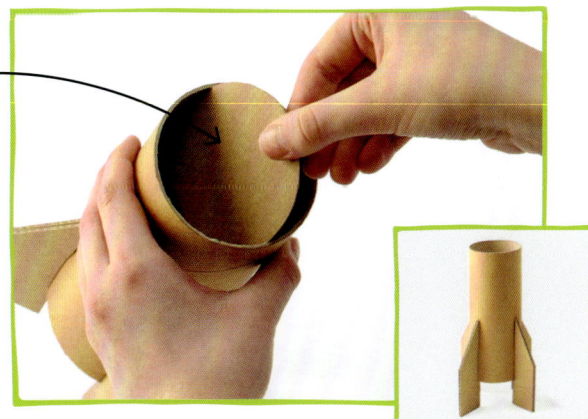

8 将一个圆塞入纸管中，并且将它向里推，使它卡在纸管另一端尾翼粘贴条的顶部。

制作第二级火箭

这条白色卡纸将被用于连接其他部分。

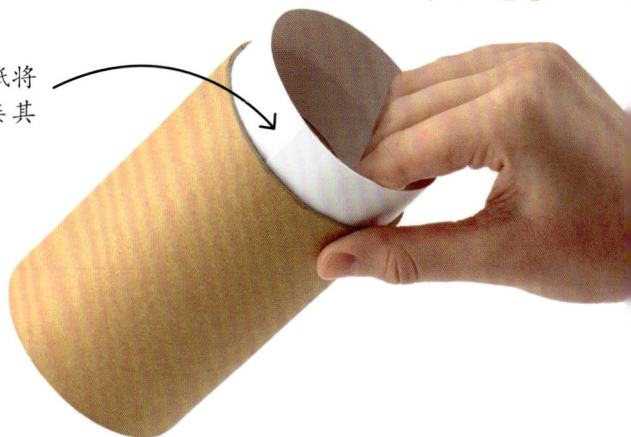

横着画一条中线，将卡纸条一分为二，然后在其中一半上涂胶水。

1 剪一条4厘米宽的白色卡纸，它被放入之前剪的较短的纸管时要能环绕内侧圆一周。沿着卡纸的长边将它的一半涂上胶水。

2 将涂了胶水的一半白色卡纸粘贴在纸管一端的内侧，使中线与纸管的边缘对齐，未涂胶水的一半则会伸出纸管。

将标记连接成一条圆周线，然后用铅笔在线上扎一个孔，以便插入剪刀，将它剪开。

3 将在制作第一级火箭的步骤7中剪出的另一个圆放入纸管的另一端，将它轻轻地向里推，直到它与白色卡纸相触。

4 找到纸管上没有贴白色卡纸的一端，在距离边缘2厘米处做一圈标记，再将标记连成一条圆周线，沿着圆周线把圆环剪下来，准备用于制作第三级火箭。

制作第三级火箭

画一条通过圆规尖所在之处的线就能将圆一分为二。

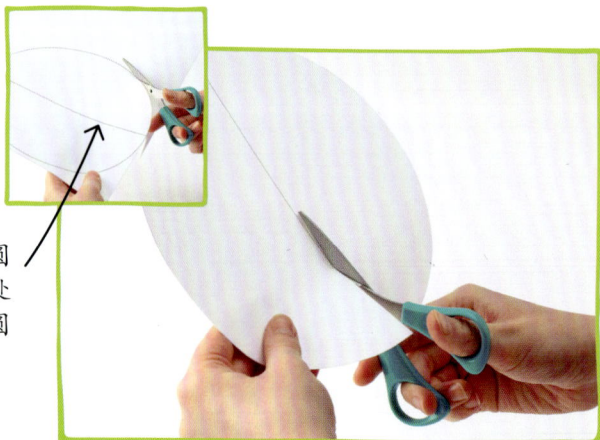

1 将一张4厘米宽的白色卡纸的一半用胶水粘贴在刚刚剪下来的2厘米宽的圆环内侧，如图所示。

2 用圆规在白色卡纸上画一个半径为10厘米的圆，将圆剪下来，然后将它剪成两半。保留一个半圆，之后还有用。

沿着侧边
的连接处
涂胶水。

用手指弯曲半
圆,将它压到
胶带有黏性的
一面上。

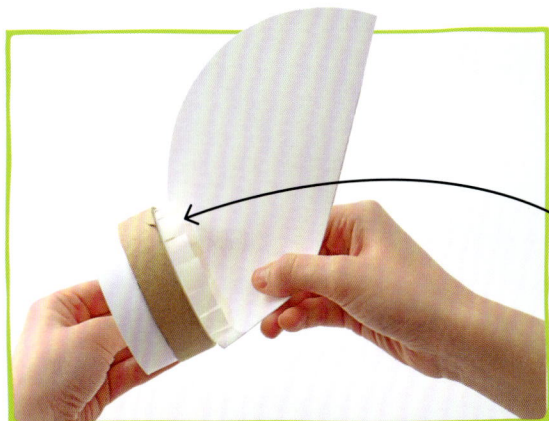

3 将若干段美纹纸胶带竖着粘贴在圆环内
侧没有粘贴白色卡纸的一端,使有胶的
一面朝外,然后将一个半圆的边缘环绕着纸
板环粘到胶带上。

4 小心地将半圆弯曲,将它粘到胶带上,形
成圆锥体。用胶水将圆锥体的侧边粘在
一起,捏住直至胶水凝固。

这将使你的成
品火箭看起来
更精致。

5 如果中号纸管表面比较粗糙或者有沟
纹,就先用一张白色卡纸将它包裹起来,
并用胶水固定。

6 将中号纸管套在圆锥体的尖端上,水平放
置,在圆锥体上沿着纸管描一圈轮廓线。

使纸管的底部
与圆锥体的底
部平行。

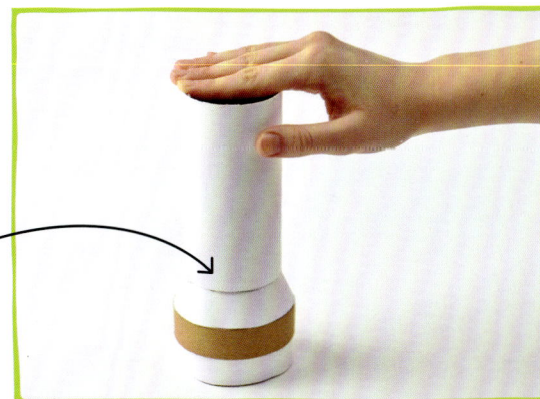

7 在你刚刚画的轮廓线上方约1.5厘米处再
画一条圆周线。沿着第二条圆周线剪掉
圆锥体的上半部分。

8 在中号纸管的一端涂胶水,然后将它粘
在圆锥体的下半部分上,确保纸管底部
的圆与圆锥体底部的圆平行,用手压住直至
胶水凝固。

9 将中号纸管倒过来立在硬纸板上，沿着纸管画一个圆，然后剪下来，将它放入中号纸管中，向里推，直至它被卡在圆锥体上。

火箭的外罩必须轻质又坚固。

10 在中号纸管有开口的一端距离边缘2厘米处做一圈标记，然后用一条线将标记连接起来。

与以前一样，先用铅笔在纸管上扎孔，以便剪切。

11 沿着线剪开，取下2厘米宽的圆环，准备用于制作第四级火箭。

制作第四级火箭

1 再剪一条4厘米宽的白色卡纸，将它粘在刚刚剪出的2厘米宽的圆环内侧，像之前一样，使白纸卡纸未涂胶水的一半伸出圆环。

像之前一样用多段美纹纸胶带进行固定。

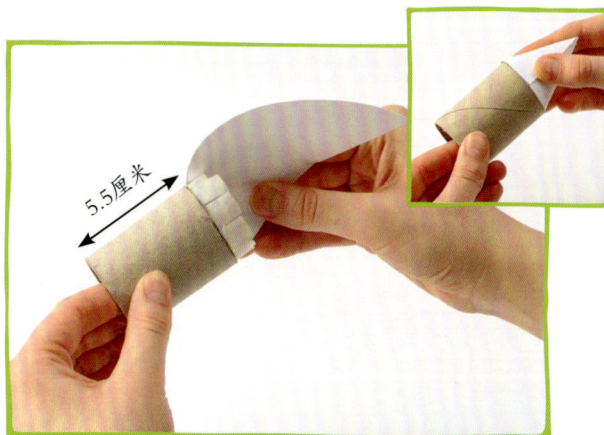

2 用另一个半圆，在圆环没有贴白色卡纸的一端制作圆锥体（参见第79页，步骤3和步骤4）。将半圆修剪到合适的尺寸，然后将半圆的侧边用胶水粘贴在一起，用手按住直至胶水凝固。

5.5厘米

3 剪一段5.5厘米长的小号纸管。在白色卡纸上画一个半径为5厘米的半圆，然后将它剪下来，在小号纸管的一端围成一个圆锥体。

4 将小号纸管有开口的一端套在步骤2中制作的圆锥体上，并用胶水固定，按住直至胶水凝固，确保纸管底部与圆锥体的底部平行。

5 给火箭的4个部分都涂一层白色颜料，必要时可以多涂一层，然后晾干。

6 晾干后，将第一级、第二级和第三级火箭的内部涂成黑色，但是不必将第四级火箭的内部也涂成黑色。

制作助推器

助推器为发射提供额外的推力，使用完毕后被丢弃在海洋上。

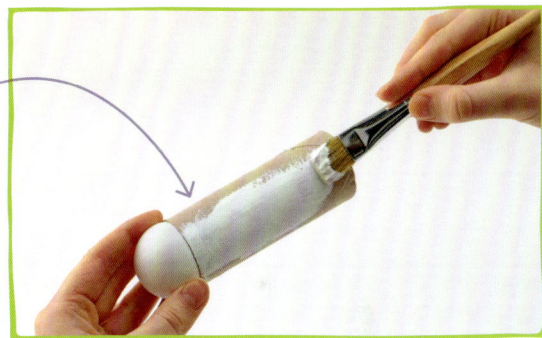

1 用胶水将4个乒乓球分别粘到剩下的4个小号纸管一端的开口上，握住直至胶水凝固，然后将纸管涂成白色（有必要的话，涂两层颜料）。

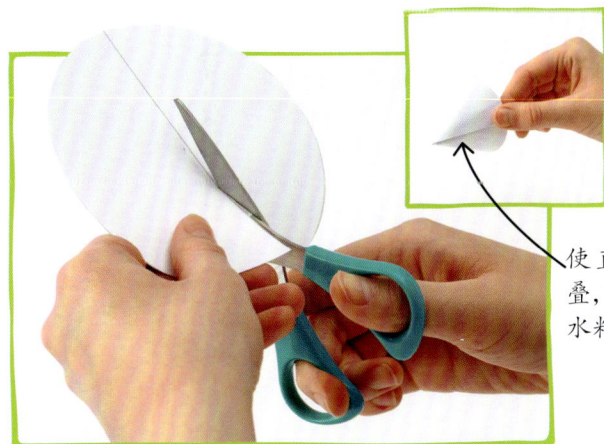

2 在白色卡纸上剪2个半径为6厘米的圆，然后将它们剪成两半，卷成两个圆锥体，用胶水固定侧边，然后按住直至胶水凝固。

使直边稍微重叠，将它们用胶水粘在一起。

3 将4个圆锥体都涂成银色。你可能需要涂几层，确保它们已被颜料完全覆盖。晾干。

将火箭的顶部涂成银色。

鼻锥里面有一个在紧急情况下使用的航天员逃生系统。

使圆锥体的底部与纸管开口端的圆平行。

第四级火箭

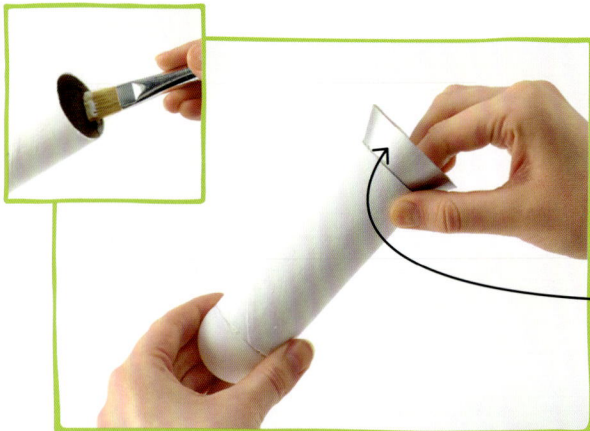

4 在每个小号纸管有开口的一端的内侧涂胶水，将4个银色圆锥体分别插入每个小号纸管，按住直到胶水凝固。这些就是助推器。

用和纸胶带添加装饰性的条纹。

第三级火箭

将纸管套在白色卡纸条上，将它们固定在一起。

第二级火箭

5 用和纸胶带装饰助推器，让环绕纸管的和纸胶带两端对齐。

助推器辅助主发动机产生发射所需的巨大动力。

确保助推器被粘贴的位置都处于同一高度。

第一级火箭

6 在每个助推器的侧面竖着涂一条胶水，然后将助推器分别粘贴到第一级火箭的4个尾翼之间。

7 最后，将火箭的4个部分安装在一起，并且完成对它们的装饰。你可以按照我们的建议装饰火箭，也可以仿制你最喜欢的火箭，或者自己设计。

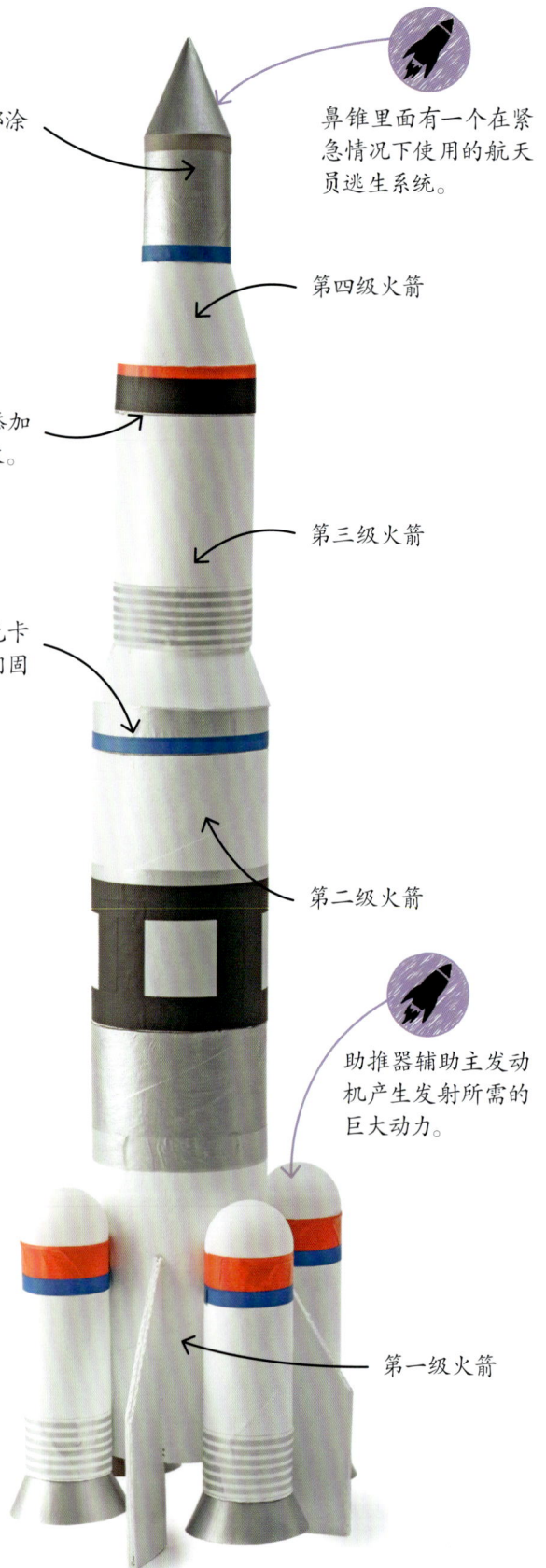

使用锥形的机关有助于引导阿里安娜火箭周围的气流。

将要被送入太空的航天器或人造卫星被安装在这里。

第二级火箭提高了阿里安娜火箭到达轨道的速度。

一旦第一级火箭脱落，第二级火箭发动机就会启动。

当第一级火箭的推进剂用完后，它就会自行脱落。

第一级火箭包含大型推进剂贮箱和强大的火箭发动机。

助推器与第一级火箭一起启动，将阿里安娜火箭推离地面。

太空科学
火箭设计

你的火箭模型是基于当今最常见的一种火箭而设计的，例如欧洲空间局的阿里安娜火箭（见左图）。在这种设计的框架下，火箭可以有不同的尺寸和级数，具体取决于它的有效载荷（运送到太空的货物）以及需要的发射速度。而且，美国太空探索技术公司的猎鹰9号等可重复使用的火箭也有分级，它们的分级火箭从主体脱离后可以被引导返回地球，再次用于发射。

火箭的秘密

你制作的火箭模型内有隐藏的隔间，这些内置的秘密隔间只有在将各级火箭分开后才会显露出来。你可以用它们存放你想隐藏的物品，也可以用它们收纳你的文具，使你的书桌更整洁。

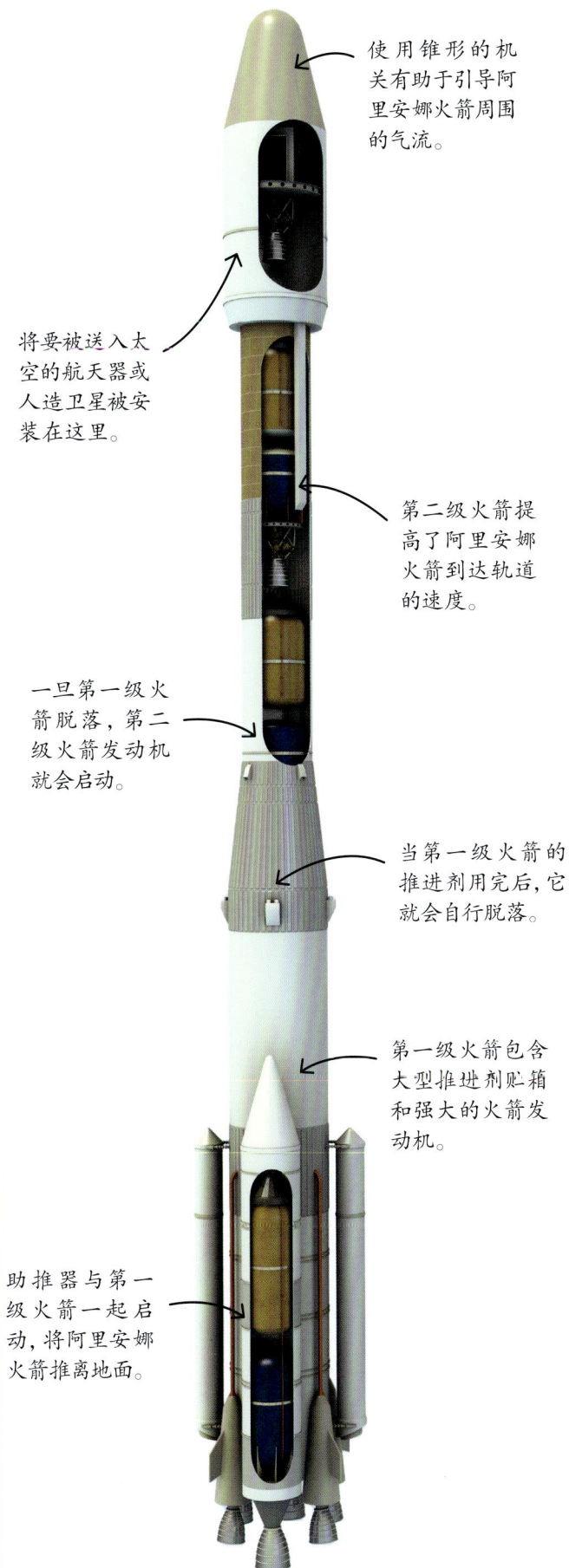

将笔和蜡笔存放在火箭的秘密隔间里，使你的书桌保持整洁。

用透明的塑料制作你的面罩。真正的面罩有滤光功能，可以保护航天员的眼睛。

这个头盔是用纸浆制成的，而真正的太空头盔是由非常坚固的材料制成的，例如高抗冲聚碳酸酯材料。

让你的头盔宽松一些，以便空气自由进出。

太空头盔

如果没有航天服提供氧气、保持压力平衡，航天员无法在太空中生存，而头盔是航天员装备中不可或缺的一部分。戴上这个纸浆做的头盔，准备好出发去执行太空任务吧！

航天员为什么要戴头盔？

头盔是航天服中非常重要的一部分。它为航天员提供了一个可以呼吸的环境，保护航天员的头部，让航天员可以用里面的通话设备与基地保持联系，并且还能透过头盔的窗口观察外面。

如何制作
太空头盔

头盔的大小需要适合你的头部，不会使你呼吸不畅，因此要测量你的头围，并且将头盔做得足够宽松，以便空气流通。你可以用一片醋酸透明塑胶片或其他硬的透明塑料包装来制作面罩，请考虑回收利用将会被当作废物丢弃的材料。

所需材料与工具

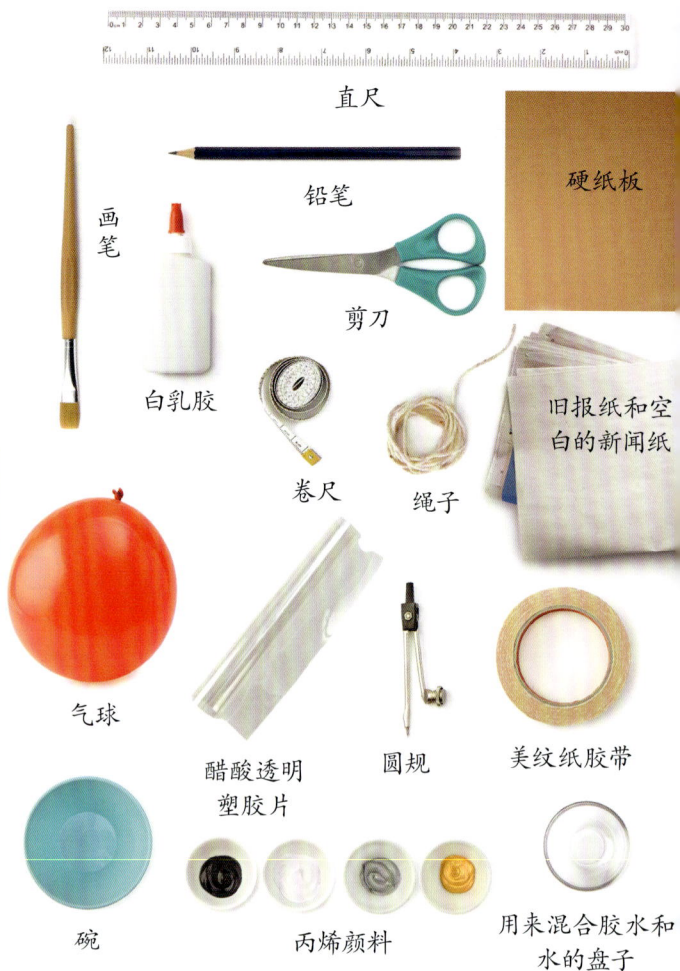

直尺

铅笔

画笔

硬纸板

剪刀

白乳胶

旧报纸和空白的新闻纸

卷尺

绳子

气球

醋酸透明塑胶片

圆规

美纹纸胶带

碗

丙烯颜料

用来混合胶水和水的盘子

时间	难易程度	安全提示
2小时，另加晾干时间	中等	将头盔做得宽松些，利于空气流通

面罩框的模板

为了复制并放大下**面的**模板，你可以先在硬纸板上画一些正方形网格，**然后**采用网格法，将下面模板上每个正方形**网格中**的形状挨个复制到硬纸板上更大的正方形**网格中**。

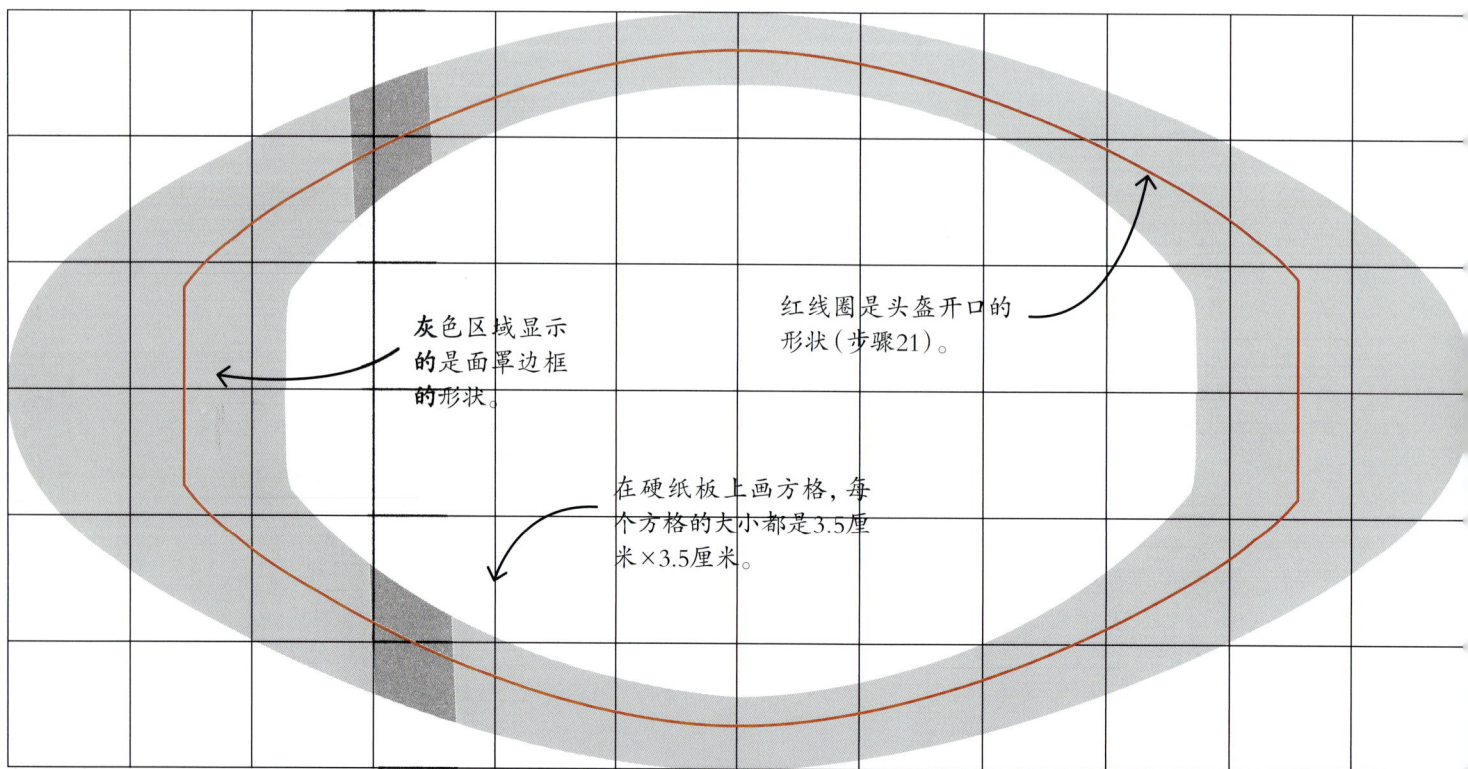

灰色区域显示的是面罩边框的形状。

红线圈是头盔开口的形状（步骤21）。

在硬纸板上画方格，每个方格的大小都是3.5厘米×3.5厘米。

周长是绕圆的外边缘一周的长度。

1 将旧报纸撕成边长约为4厘米的方块纸片，纸片的边缘不用很整齐，边缘粗糙的纸片更容易泡成纸浆。

2 测量你的头部（包括头发）最宽的部分。将圆形气球吹大，直到它最宽的部分至少比你的头围大20厘米。

将气球放在碗上，以便在制作过程中保持稳定。

3 在碗中混合等量的胶水和水。将稀释后的胶水涂在气球的一小块区域上，再粘一层旧报纸纸片，纸片之间相互重叠，一次只处理气球的一小块区域，逐渐将气球覆盖住。

4 让胶水和旧报纸纸片基本覆盖整个气球，只留下气嘴周围，这是因为稍后这片区域会被剪掉。

5 重复步骤1，但这次是将空白的新闻纸撕成方块纸片。请记住，纸片边缘要粗糙，不能太整齐。

使用空白的新闻纸有助于你分辨哪些区域已完成，哪些还没有。

6 用空白的新闻纸重复步骤3—4。与之前一样，纸片边缘相互重叠，几乎延伸到气球的气嘴处。

7 将气球悬挂过夜，让纸浆完全晾干。让气球自由下垂，确保它不会碰触到任何东西。

将绳子系在气球的气嘴上。

8 晾干后，重复步骤3—7，最终给气球贴上4层纸片：旧报纸、空白的新闻纸、旧报纸、空白的新闻纸。

9 将纸浆壳涂成白色，然后晾干。如果你仍然可以透过颜料看见里面的报纸，就再涂一层颜料，使头盔完全变白。

太空头盔是白色的，除了可以反射阳光，还可以起到保温的作用。

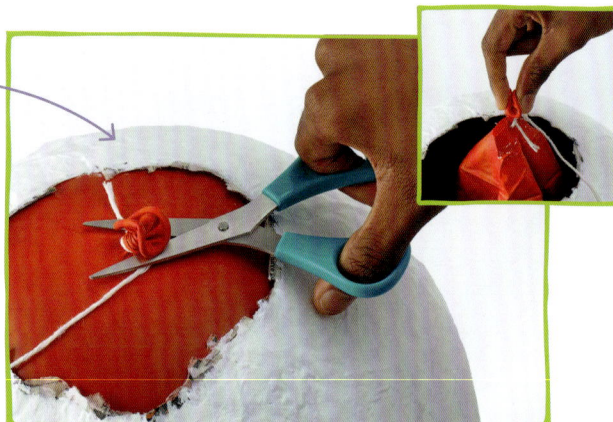

10 颜料晾干后，将气球戳破。在气嘴旁剪一个小孔，然后小心地将气球从纸浆壳中拉出来。

11 将一只碗扣在纸浆壳的开口上，并沿着碗的边缘用铅笔在纸浆壳上画一圈轮廓线。这是让你的头能穿过的开口。

碗边缘的周长必须至少比头部最宽部分的周长大4厘米，让空气能够流入和流出。

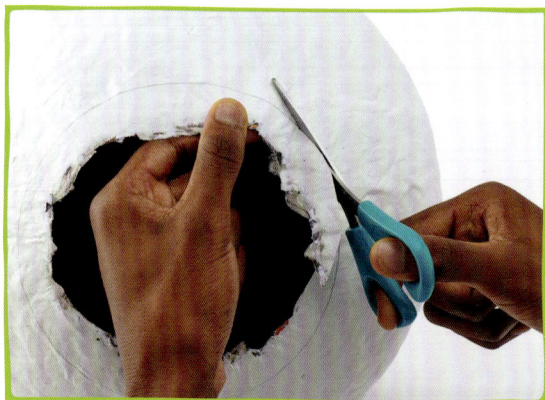

12 沿着铅笔线小心地剪开，形成一个整齐的圆洞。你也可以先将圆洞四周的纸剪碎，再一片一片地将它剪下来。

13 检查头盔是否能被很容易地套在你的头上。如果开口太小，就在原开口周边再做一圈标记，然后剪开，扩大头盔的开口。

14 测量头盔开口的直径，然后将圆规的半径设置为这个长度的一半，在硬纸板上画一个圆，再画一个直径比这个圆大3厘米的同心圆，然后剪下这个圆环。

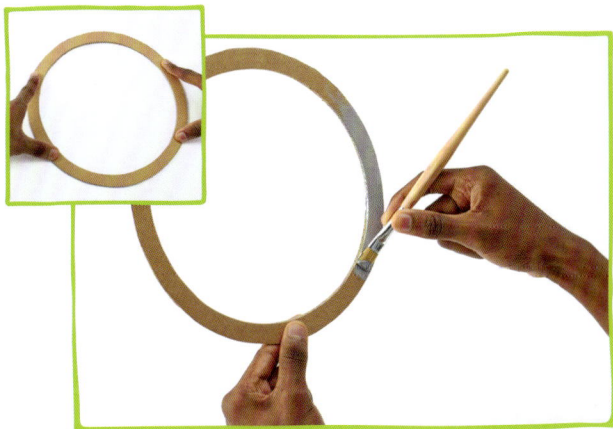

两个圆之间的间隙为1.5厘米。

15 重复步骤14，在另一张硬纸板上再剪一个相同尺寸的圆环。将两个圆环用胶水粘贴在一起，并且将它涂成银色，然后晾干。

头盔被扣在航天服衣领上，形成密封的内部环境，将空气保留在里面。

16 用美纹纸胶带将这个圆环固定在头盔的开口处。将纸胶带的一端与圆环的外边缘对齐，将另一端折入头盔内。

17 接下来，将头盔内部涂成黑色，然后将它晾干。你可能需要涂两层颜料才能使内部完全变黑。

头盔内的美纹纸胶带也要涂黑。

18 将圆环朝外的一面涂成黑色，让黑色颜料覆盖美纹纸胶带，然后晾干。

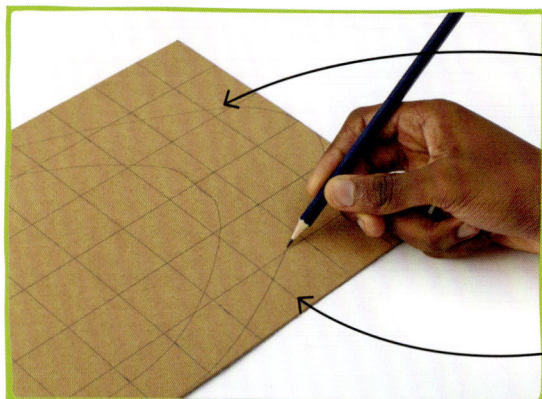

复制模板上的灰色区域，一次复制一个方格里的形状。

使每一个正方形的边长都为3.5厘米。

19 在一张42厘米×21厘米的硬纸板上绘制网格，用来复制和放大第86页的面罩框的模板。

20 复制好面罩框后，将它剪下来。将它的两面都涂成银色，然后晾干。

先将铅笔轻轻插入，为剪刀开个孔。

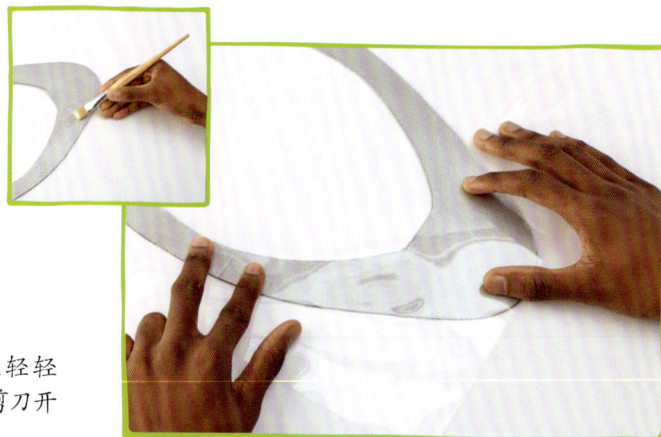

21 将面罩框放在头盔上，在头盔上描画面罩框的内边缘轮廓，以此为参考来画开口的形状（模板上的红线）。剪出开口。

22 在面罩框的一面上涂胶水，小心地将一片醋酸透明塑胶片平放在胶水上，然后将按压透明塑胶片和面罩框。

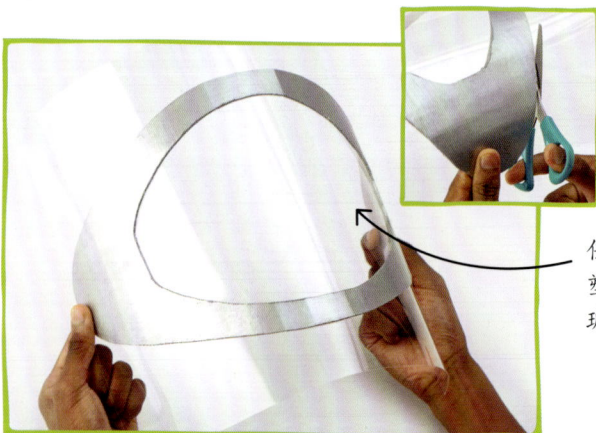

任何有韧性的硬塑料都可以，例如玻璃纸包装。

面罩只需固定两端，以留出足够的空隙让空气流动。

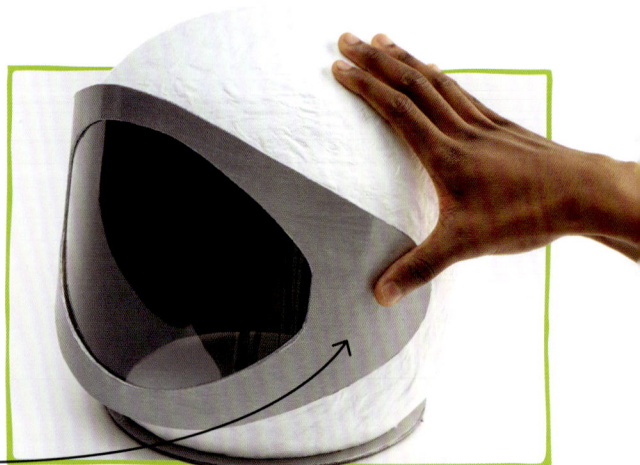

23 掰弯面罩和面罩框，将面罩固定，待胶水凝固后，小心地修剪掉多余的透明塑胶片。

24 在面罩的两端涂胶水，然后将它粘在头盔两侧的适当位置，覆盖在开口上。

25 在硬纸板上剪6个半径为3.5厘米的圆和6个半径为2厘米的圆。将大圆粘成两叠，每叠3个，小圆也如此粘成两叠。

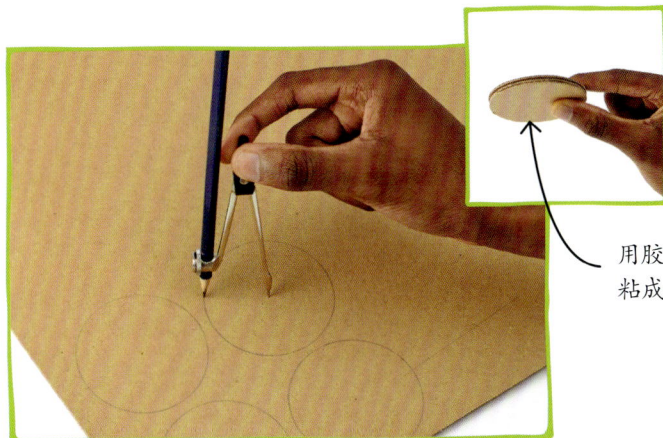

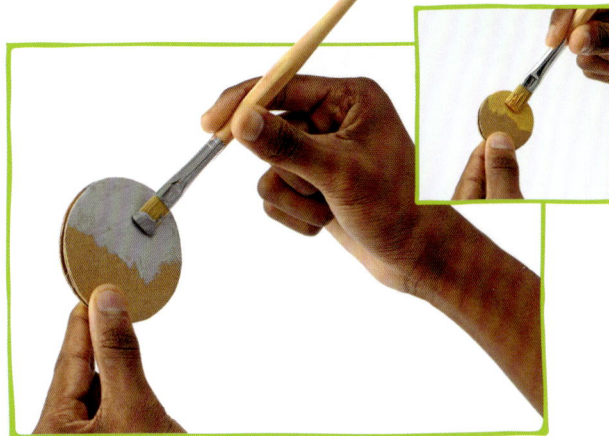

用胶水将3个圆粘成一叠。

26 将两叠大圆涂成银色，将两叠小圆涂成金色，然后晾干。如有必要，可以再涂一层颜料。

如果面罩上有先进的阳光控制镀膜，就可以滤除强烈的光线。

你的头盔应该不会妨碍你呼吸，但是如果你感到不舒服，就立即将它取下来。

27 将两叠银色的大圆分别用胶水粘在面罩两端适当的位置，然后将两叠金色的小圆分别用胶水粘到银色的大圆上。按住它们直至胶水凝固，然后你就可以戴头盔了。

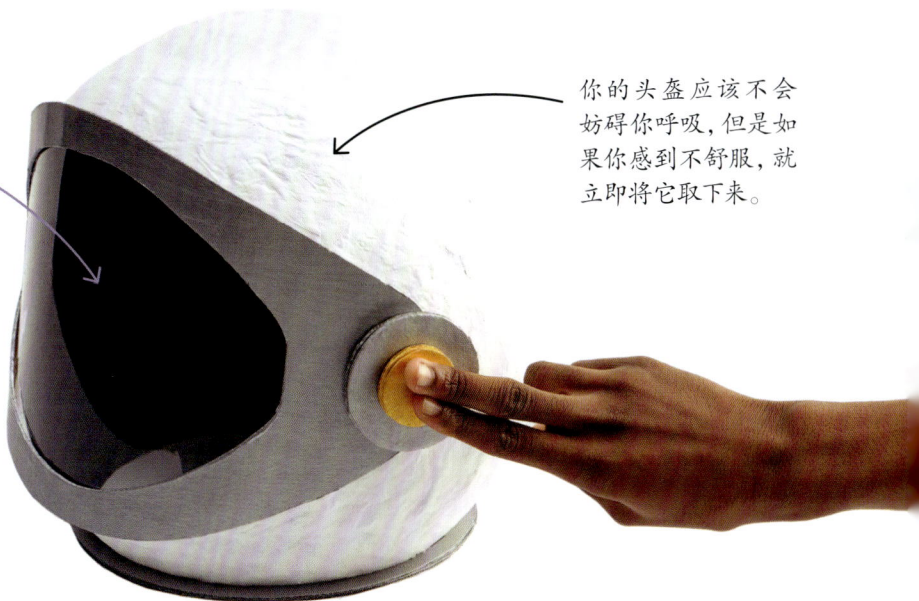

太空科学
头盔的设计

早期的航天员头盔前面有小玻璃窗，但现代的头盔由更坚固的透明材料制成，还为航天员提供了圆泡状的面罩，既保护了眼睛，又有广阔的视野。

意大利航天员萨曼莎·克里斯托福雷蒂在水下训练期间从太空头盔内向外看。

氧气瓶

太空中没有空气，航天员如何呼吸呢？当航天员走出宇宙飞船执行任务的时候，他们会带上便携式生命保障系统。这个项目的成品可以与你的太空头盔搭配使用，很快你就可以进行太空漫步了！

什么是便携式生命保障系统？

它是航天服的重要部分，可以提供氧气，吸收航天员呼出的二氧化碳废气，还有助于航天员保持凉爽，为航天员提供电源和无线电通信。

管道将氧气输送给航天员，并且带走呼出的二氧化碳废气。

备用氧气瓶可容纳30分钟的氧气，以供情况紧急时使用。

生命保障系统通常能在没有外界补给的情况下持续工作8小时。

如何制作
氧气瓶

在可回收废品中可以找到这个项目的部分材料，例如用来制作氧气瓶的空汽水瓶，用来制作管道的塑料管。你还要找到足够长的松紧带，以便将"生命保障系统"背起来。

所需材料与工具

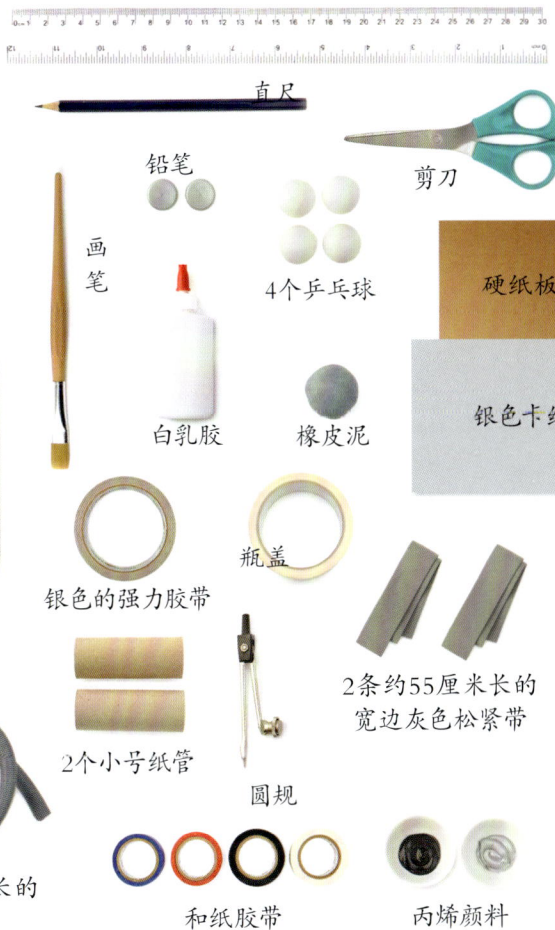

直尺

铅笔

剪刀

画笔

4个乒乓球

硬纸板

白乳胶

橡皮泥

银色卡纸

2个2升空塑料瓶

银色的强力胶带

瓶盖

2条约55厘米长的宽边灰色松紧带

2个小号纸管

圆规

订书机

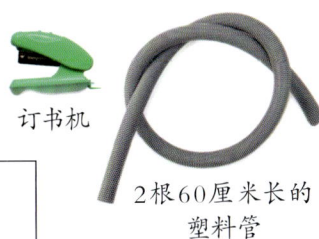

2根60厘米长的塑料管

和纸胶带

丙烯颜料

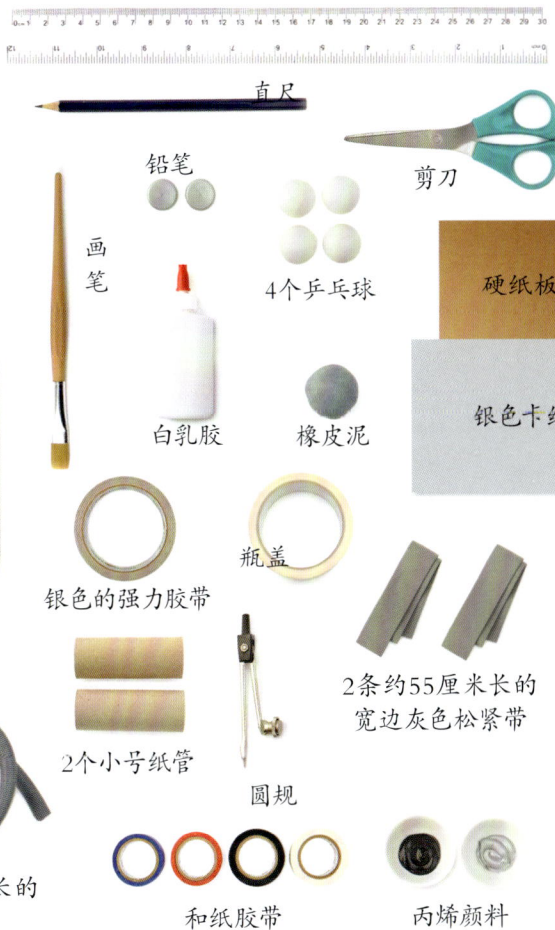

时间
2小时，另加晾干时间

难易程度
中等

模板

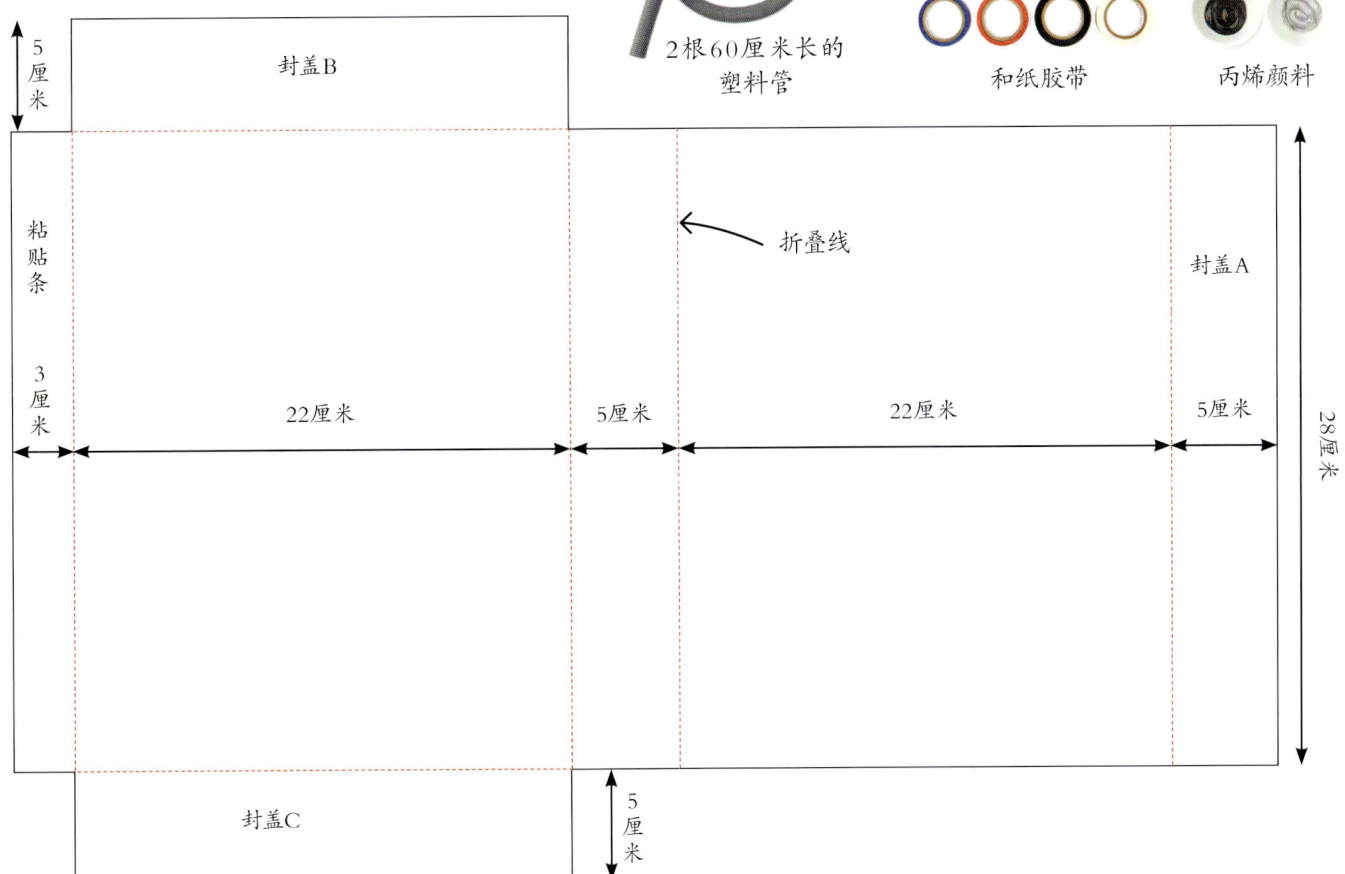

5厘米

封盖B

粘贴条

3厘米

22厘米

5厘米

折叠线

22厘米

封盖A

5厘米

28厘米

封盖C

5厘米

1 让我们来制作可以背在背上的"生命保障系统"。将模板复制到硬纸板上,然后将它剪下来。沿着所有的折叠线压出折痕,然后向内折叠。

为了压出整齐的折痕,你可以先将尺子抵住折叠线。

2 在粘贴条上涂胶水,将硬纸板折成盒子的形状,将涂有胶水的一面粘到封盖A上,用力按压直至胶水凝固。

3 将封盖B和封盖C折起来,然后用美纹纸胶带将它们粘贴固定,形成完整的盒子。

反光的白色涂层可防止生命保障系统在强烈的阳光下变得过热。

4 将盒子涂成白色,然后晾干。你可能需要涂两层颜料,使盒子完全变白。

5 现在制作两个氧气瓶。在两个塑料瓶上涂白色颜料,然后晾干。同样,你可能需要涂两层颜料。

生命保障系统通常配备两个氧气瓶,以保证航天员的氧气充足。

保留瓶盖,你将在步骤30中用到它们。

6 给每个氧气瓶上端的三分之一(顶部的瓶盖除外)涂一层银色颜料。

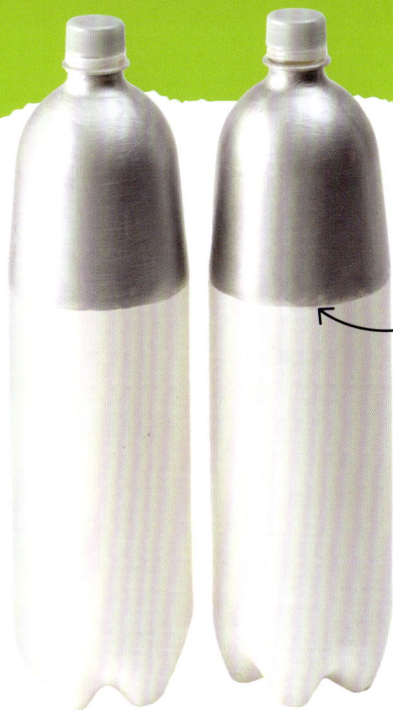

这条线不整齐也不要紧，它稍后会被盖住。

7 晾干颜料，如果有必要，再涂一层颜料。

8 现在制作备用氧气瓶。用胶水将4个乒乓球分别粘到两个纸管的两端。等胶水凝固，然后将它们都涂成银色。

9 在备用氧气瓶上贴和纸胶带，作为装饰条纹。如果你想要比较细的条纹，可以将一种胶带部分重叠地贴在另一种胶带上。

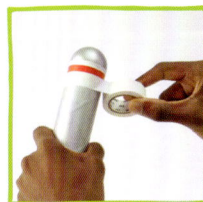

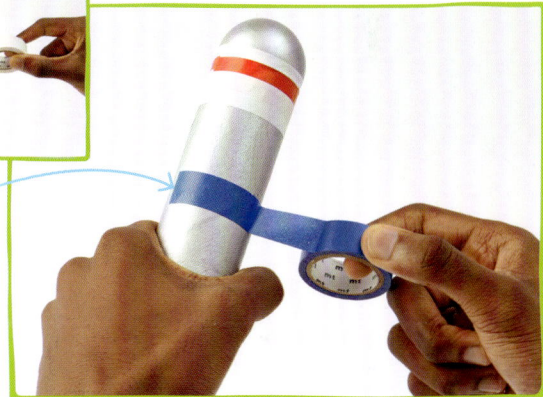

使条纹垂直于纸管，这样条纹的两端才能对齐。

10 将胶带小心地缠绕在备用氧气瓶上，使条纹的两端对齐。

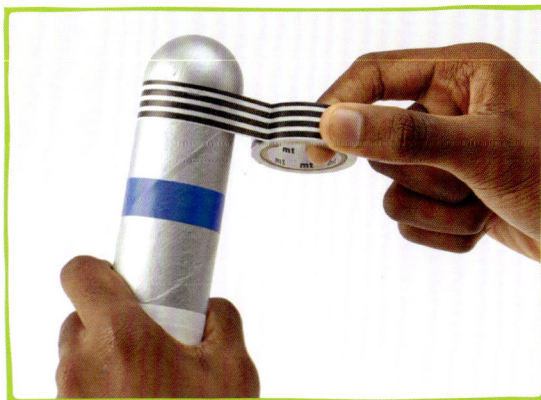

11 按你自己的喜好添加不同颜色的和纸胶带。如果你没有和纸胶带，也可以给美纹纸胶带染色，作为替代。

12 装饰完一个备用氧气瓶后，再做一个。你可以采用同样的外观设计方案，这样你就有了两个配套的备用氧气瓶。

13 在硬纸板上剪2个18厘米×24厘米的长方形。在其中一个长方形内再画一个长方形，四边都缩进2厘米。

14 剪掉较小的长方形，留下一个"框"，用胶水将这个"框"粘贴到另一个长方形上，将它们的外边缘对齐。

先用铅笔扎一个孔，便于剪切。为了安全起见，在硬纸板下垫一块橡皮泥。

15 将一条松紧带放在框内（如图所示），在框内标出松紧带两端短边的宽度。对另一条松紧带重复上述步骤。

16 在框内每个角附近画线，这些线与短边的标记形成了4个"槽"。槽的长度稍大于松紧带短边的宽度，宽度约为0.5厘米。

绘制一个槽，使它的长边距内框2厘米，短边距内框0.5厘米。

17 用铅笔在4个槽中各扎一个孔（参见步骤14），然后插入剪刀，小心地把槽剪出来。

这些槽将被用来穿松紧带做的肩带。

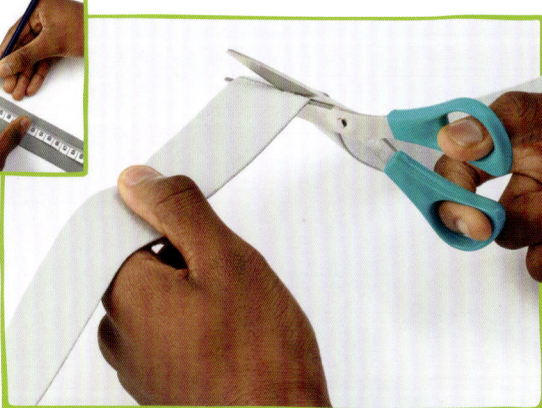

18 测量你所需的肩带长度，在这个长度的基础上再加2.5厘米（两端重叠的部分），剪两条松紧带。

19 将一条松紧带穿过两个槽，如图所示。将松紧带两端2.5厘米的部分相互重叠，然后用订书机将松紧带两端钉在一起。

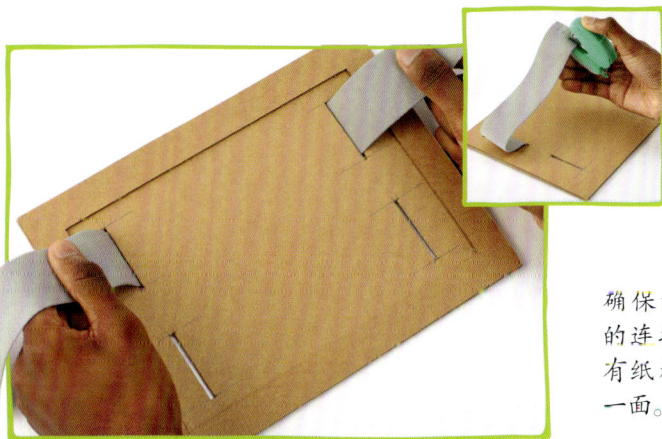

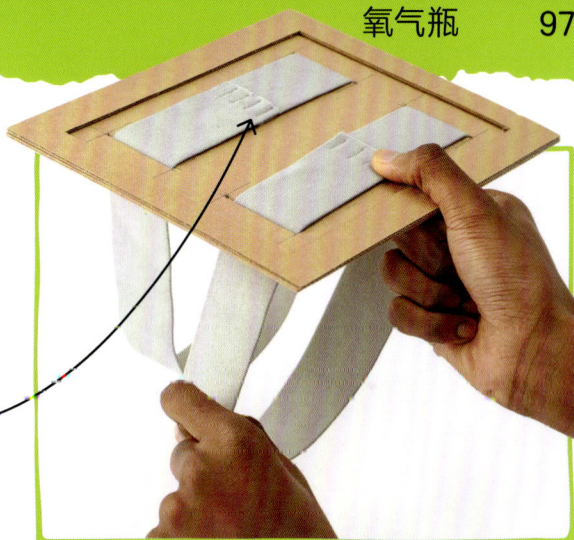

确保订书机的连接处在有纸板框的一面。

20 重复步骤19。钉好另一条松紧带，然后拉一拉两条松紧带，使被订书机连接的部分平贴在框内。

21 用胶水将有框的一面粘贴到白色盒子的一面上，用力按压直至胶水凝固。

两条对角线相交的地方就是这个长方形的中心点。

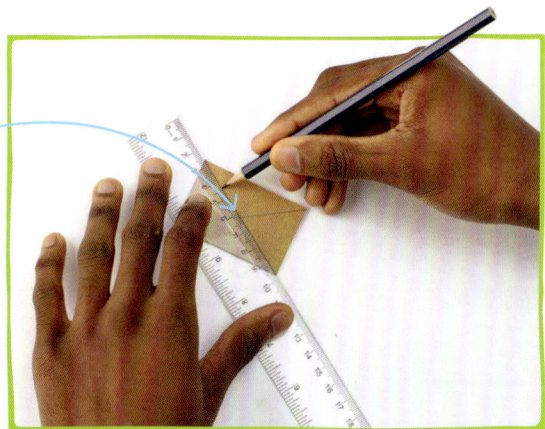

22 现在制作管道连接片。剪6片6厘米×4厘米的长方形硬纸板。在每个长方形上画对角线，找到它的中心点。

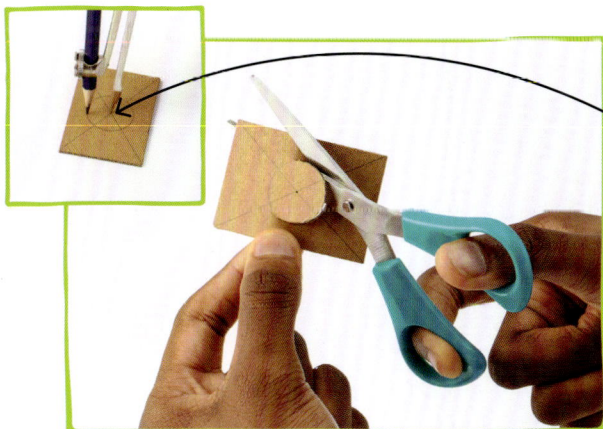

23 测量塑料管的直径，用圆规分别以长方形的中心点为圆心画一个与塑料管大小相同的圆。剪下来。

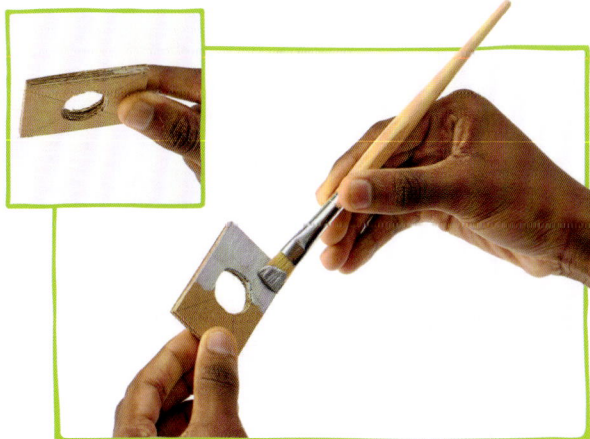

将圆规的针尖放在对角线的交点上。

24 将长方形硬纸板用胶水粘成两叠，每叠3片，按住它们直至胶水凝固。将它们涂成银色后晾干。如有必要，可以再涂一层颜料。

用银色的强力胶
带。如果没有，
还可以将胶带涂
成银色。

25 拧下瓶盖（不要扔，在步骤30中还有用）。将一根塑料管用胶布固定在氧气瓶的瓶口。以同样的方式将另一根塑料管固定在另一个氧气瓶上。

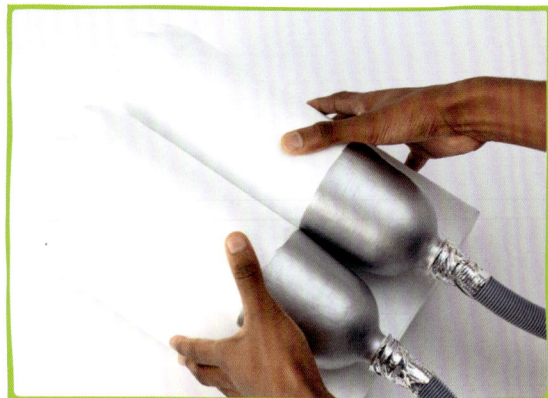

26 将两个氧气瓶并排粘在一起，瓶口朝着你的方向，将它们贴在盒子白色的一侧，按住不动直至胶水凝固。

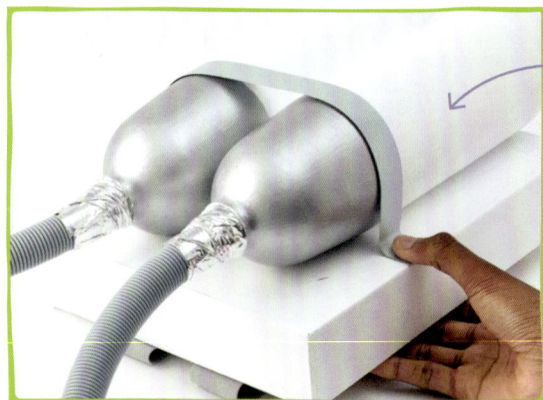

笨重的背包有助
于保护航天员的
身体，远离太空
中危险的辐射。

27 剪两条2.5厘米宽的银色卡纸条，将它们分别用胶水粘在氧气瓶的上半部分和底部，剪掉多余的部分。

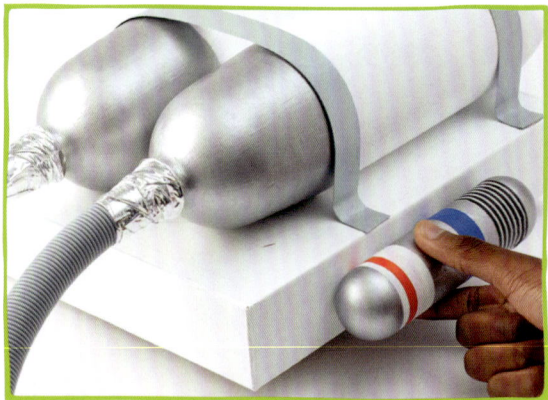

28 接下来，用胶水将备用氧气瓶固定在盒子的两侧，使它们左右对称，用手按住直至胶水凝固。

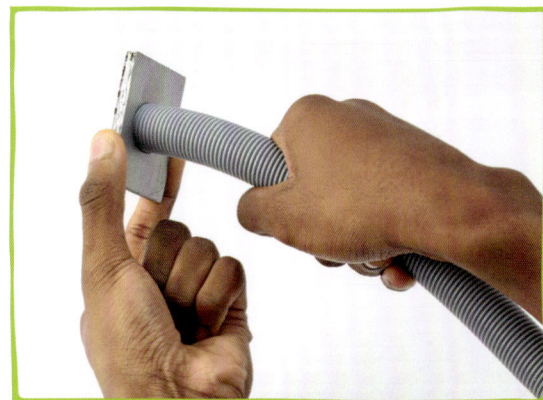

将管道连接片
固定在备用氧
气瓶的下方。

29 将塑料管未被固定的一端插入在步骤22—24中制作的管道连接片中，然后用胶水将它们固定在一起。

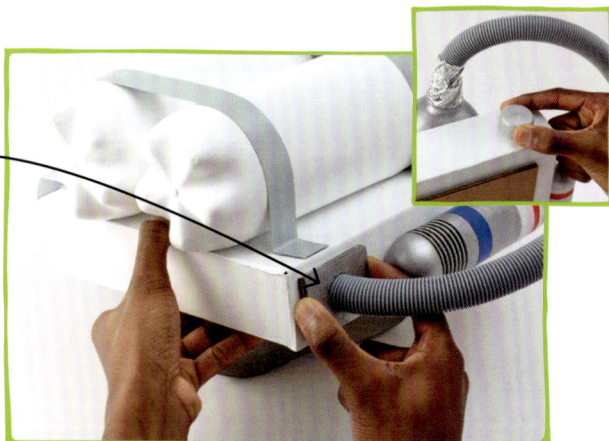

30 用胶水将管道连接片粘到盒子的两侧，使它们左右对称。最后，将两只瓶盖分别粘到盒子顶部的两端。

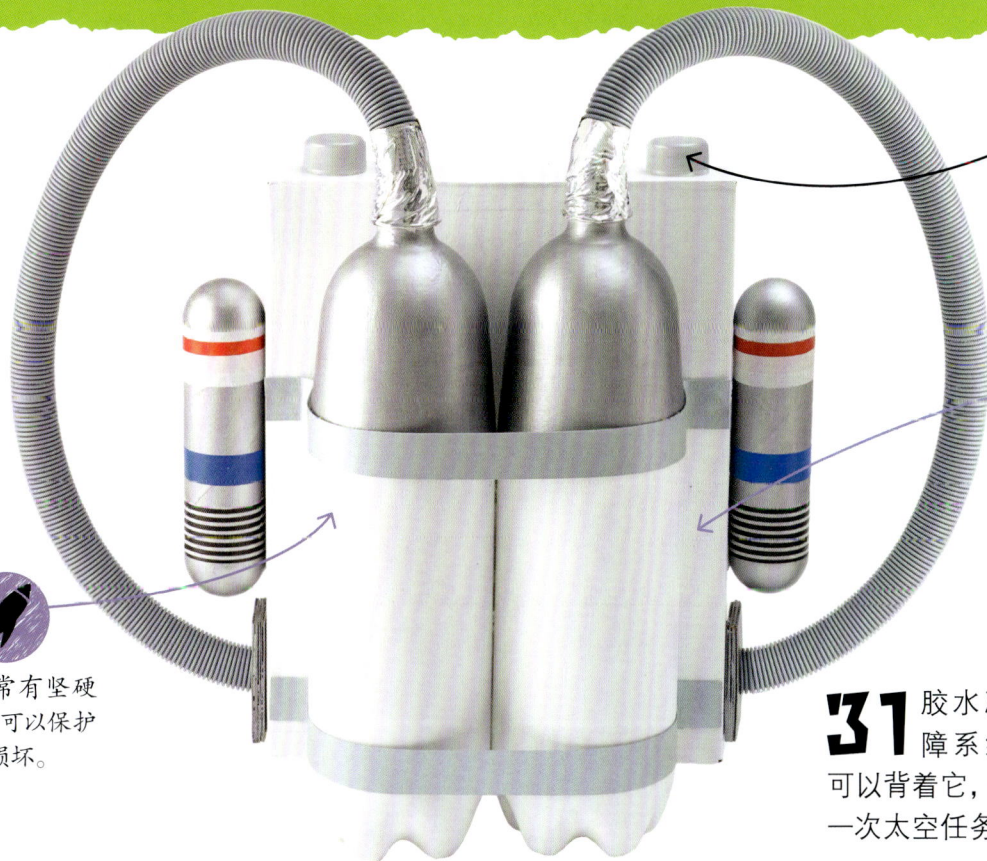

瓶盖很适合充当生命保障系统的控制旋钮。

生命保障系统里有无线电通信装置，用于与其他航天员和地球上的团队通话。

背包通常有坚硬的外壳，可以保护它免受损坏。

31 胶水凝固后，生命保障系统就做好了，你可以背着它，开始执行你的第一次太空任务了。

太空科学
在太空中生存

　　生命保障系统只是航天服的一部分。航天服可以保护航天员，使航天员能够在航天器外进行作业。一旦航天员穿上航天服，戴好头盔，航天服内就处于密封状态，生命保障系统开始调节航天员的空气供应。当航天员在炎热的阳光下和寒冷的背阴处之间移动时，生命保障系统还会控制航天服内部的温度。全套航天服需要一个小时才能穿上。

生命保障系统能提供电、氧气和无线电通信设备。

航天服外层有14层不同的面料，能反射热量、防止被刺穿。

水被泵入夹层中，以调节身体的温度。

内衣面料能吸汗。

小型机动装置上有一个喷气背包。

月球车

　　轮式漫游机器人可以帮助我们探索陌生的世界。本项目基于未来可能用于长期探索月球的月球车。真正的月球车是由电池和太阳能提供动力的，但是这辆月球车将由你和两根橡皮筋来提供动力！

实际上，月球车的前照灯可以用来照亮危险的阴影区域。

太空中的漫游机器人

　　有些漫游机器人已经探索过月球和火星的表面，并将信息发送回了地球。1971年，航天员用一辆有点像大型卡丁车的月球车在月球上进行了短途"旅行"，而在未来的探索之旅中，月球车可能会像我们制作的月球车一样，为航天员提供增压座舱，这样他们就不用穿航天服了。

按照自己的喜好为这辆月球车安装仪器和控制板吧!

用于观察星球表面的圆顶窗。

如何制作
月球车

这辆月球车的动力源是橡皮筋。向后拉月球车时，橡皮筋被拉伸；松手后，橡皮筋中存储的能量就会驱动月球车前进。

时间	难易程度	安全提示
2.5小时	难	请成年人切割乒乓球

模板

为了复制并放大下面的模板，你可以先在硬纸板上画一些正方形网格，然后采用网格法将模板上每个网格中的形状挨个复制到硬纸板上更大的正方形网格中。

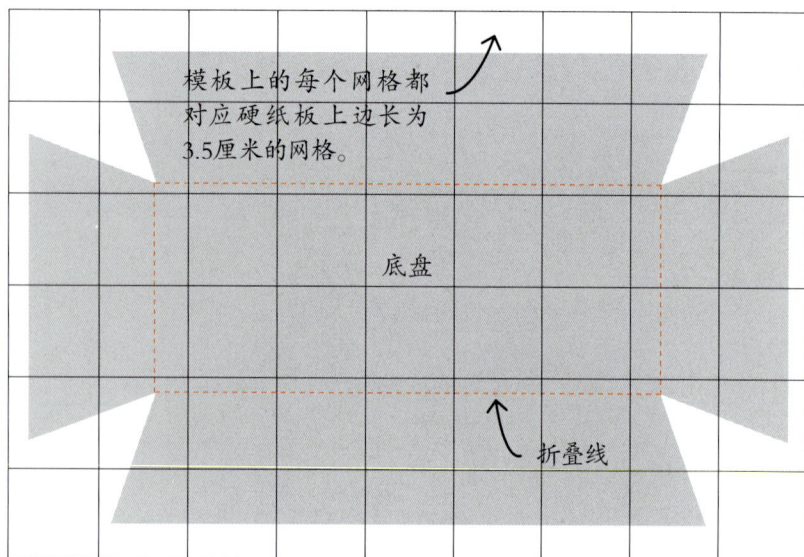

模板上的每个网格都对应硬纸板上边长为3.5厘米的网格。

底盘

折叠线

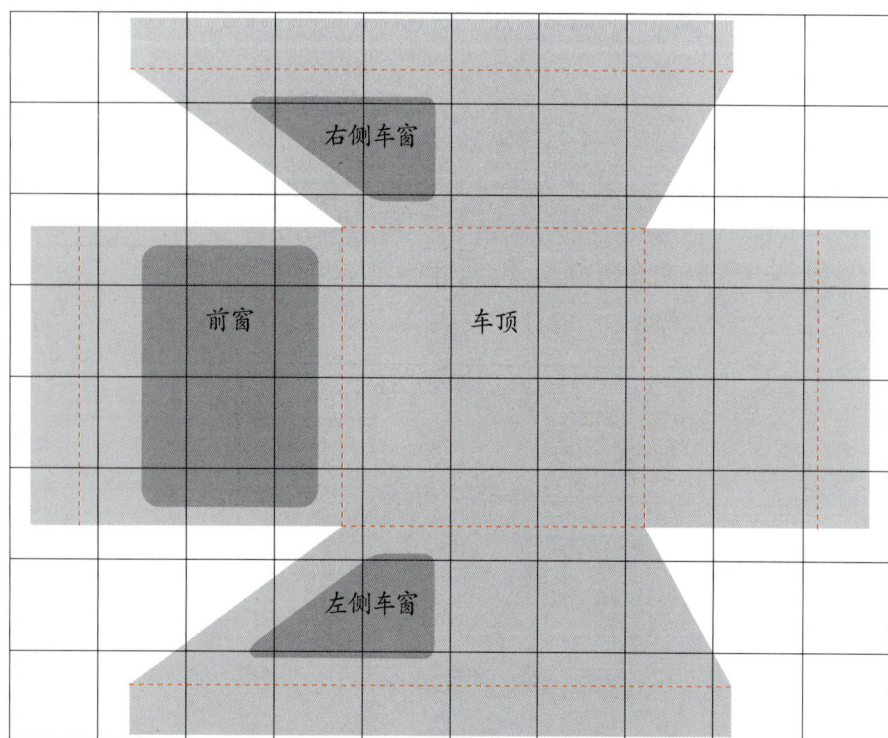

右侧车窗

前窗

车顶

左侧车窗

所需材料与工具

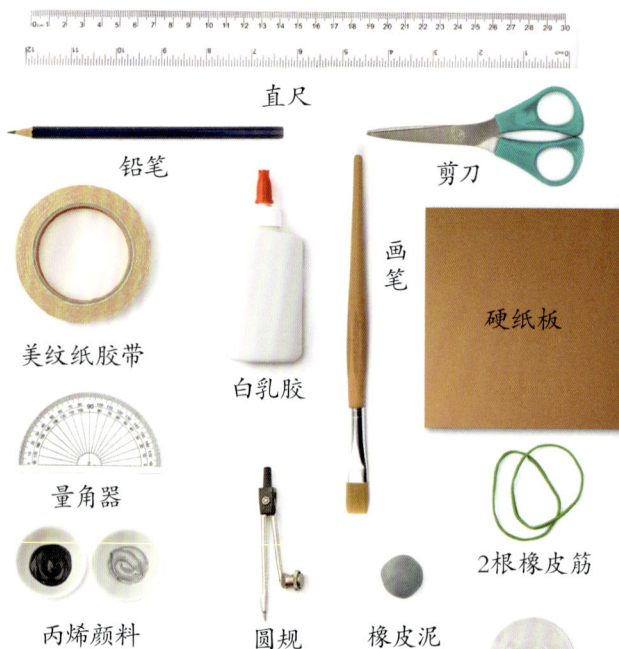

直尺

铅笔

剪刀

美纹纸胶带

白乳胶

画笔

硬纸板

量角器

圆规

橡皮泥

2根橡皮筋

丙烯颜料

2根19厘米长的圆棍

塑料杯盖

可选材料

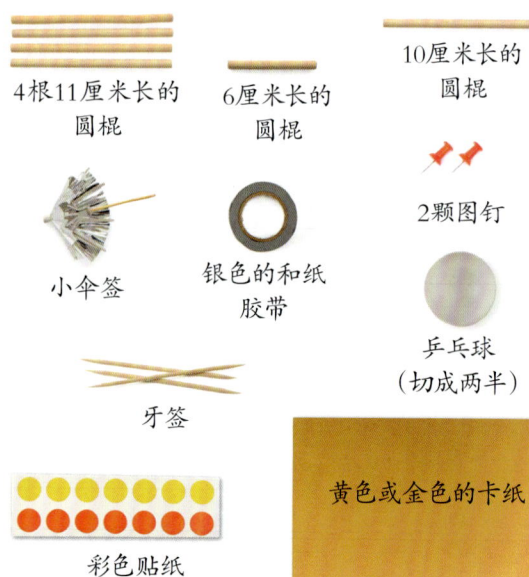

4根11厘米长的圆棍

6厘米长的圆棍

10厘米长的圆棍

2颗图钉

小伞签

银色的和纸胶带

乒乓球（切成两半）

牙签

黄色或金色的卡纸

彩色贴纸

制作底盘

用网格法将模板形状放大复制到硬纸板上。

1 在一张硬纸板上画正方形网格，每个正方形都为3.5厘米×3.5厘米。然后用网格法将模板上的底盘复制到硬纸板上。

在角落里画正方形将为你测量边角提供便利。

2 沿着轮廓将底盘剪下来。可以先将长方形的网格纸板剪下来，然后将每条折叠线延长到边缘，在每个角上形成一个正方形，然后修剪每个角。

在底盘较大的侧面上扎两个孔。

2厘米

3厘米

3 沿着每条折叠线向上折（你可以将直尺压在折叠线上，以获得整齐的折痕），检查侧面的斜侧边能否很好地对接在一起。

4 在每个较大侧面的两端距离长边2厘米、折叠延长线3厘米处分别做标记，如图所示，得到4个点。在4个点上分别扎一个孔。

使用直尺找到较小侧面的中线。

5 在一个较小的侧面上距离其中线0.5厘米的左右两侧，分别从边缘垂直向上画一条2.5厘米长的线。在这两条线上剪出狭缝。

6 再次将4个侧面向上折，如步骤3所示，但是这次用美纹纸胶带粘贴所有连接处。

7 将两根强力的橡皮筋套在一起，打一个结，然后将两端拉紧。

8 将橡皮筋的一个环嵌入底盘一边的狭缝中，然后拉直橡皮筋，使狭缝间的橡皮筋平贴在侧面上。

9 剪一片2厘米×6厘米的长方形硬纸板，让它从内侧盖住两条狭缝，然后用胶水将它固定在橡皮筋上方，按住直至胶水凝固。

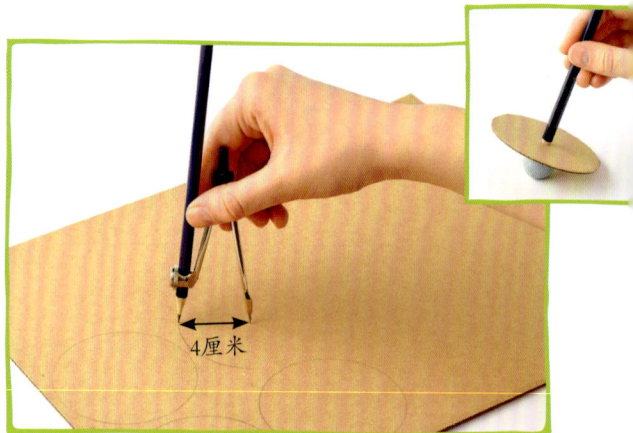

这片长方形硬纸板的作用是加固月球车，并将橡皮筋固定住。

10 现在制作车轮。在硬纸板上绘制并剪下24个半径为4厘米的圆。为了安全起见，先在圆下垫一块橡皮泥，然后用铅笔在每个圆的中心扎一个孔。

4厘米

11 将6个圆中心的孔对齐，用胶水将它们粘成一叠，作为车轮。用剩余的18个圆重复这个步骤，最后一共得到4个车轮。

将圆一片一片地叠起来，对齐中心的孔。

12 将车轮涂成黑色，包括边缘。不用担心孔附近的区域，之后它们会被轮毂盖覆盖。晾干。

你可以用手指捏着车轮的中心，这是因为那里不需要涂颜色。

扎孔时要记得在圆下垫橡皮泥。

13 现在制作轮毂盖。在硬纸板上剪4个半径为2厘米的大圆和4个半径为1厘米的小圆。与步骤10一样，在圆心扎孔。

14 将每个小圆用胶水粘到每个大圆上，将中心的孔对齐。在胶水凝固后，将它们涂成银色。

在工程学中，这根圆棍被称为"轴"，它是连接两个车轮的杆。

15 将一根19厘米长的圆棍插入一个车轮的孔中，使圆棍在另一端露出1厘米，用胶水固定。然后重复这个步骤，将另一个车轮固定在另一根19厘米长的圆棍上。

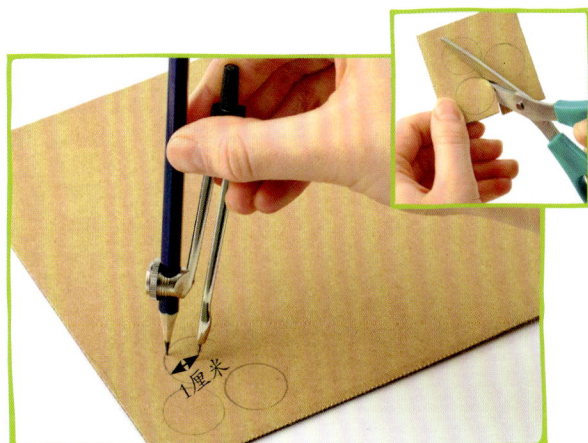

16 在硬纸板上绘制并剪下4个半径为1厘米的圆。与之前一样，在每个圆的中心扎一个孔。它们是车轮的挡片。

18 将另一个车轮用胶水固定在轴上，同步骤15。调整挡片的位置，使它们靠近底盘两侧，将轴固定住，不会左右晃动。

17 将带车轮的轴插入底盘靠近有橡皮筋的侧面的孔中，然后将两片挡片穿到圆棍上，置于底盘内侧，最后将圆棍从对面的孔中穿出。

在挡片与侧面之间留出足够的空间，让车轮能够自由旋转。

19 将另一根带车轮的轴插入底盘另一边的孔中，将一片挡片套到轴上放到靠近车轮的一侧。将橡皮筋向下折，形成两个环（如图所示），让轴穿过这两个环，然后套上最后一片挡片。

20 将轴穿过底盘，然后用胶水将最后一个车轮固定在轴上。调整挡片的位置，并用胶水固定它们。

这条橡皮筋被拉伸时，会储存可以驱动月球车的能量。

21 最后，分别将4片轮毂盖套在轴的末端，并用胶水把它们固定在车轮上。握住直至胶水凝固。

制作车顶

3.5厘米×3.5厘米的正方形网格。

将两条对角线相交的地方标记为中心点。

1 现在制作车顶。再次用网格法将车顶的模板复制到硬纸板上，然后剪下来。在中间折叠线形成的长方形上画对角线，找到它的中心点。

2 将塑料杯盖放在中心点上，然后用铅笔沿着它的边缘描出轮廓。这将是月球车的圆顶观察窗。

3 在所画圆的内部剪一个比它稍小的圆。将杯盖从下向上推进圆中，并用胶水固定。

4 折叠车顶的侧面（可以先将尺子放在折叠线上压出整齐的折痕），并用美纹纸胶带固定侧面之间的连接处。

月球车的观察窗上有一层反光材料涂层，可以阻挡炫目的阳光。

5 在车顶内部涂满黑色颜料，然后将它晾干。如有必要，可以再涂一层颜料。

组装月球车

1 将车顶套在底盘上，然后用美纹纸胶带将它们固定在一起，按压胶带，确保它们已被粘牢。

真正的月球车的每个车轮都有独立的电动机，以便在崎岖不平的地面上行驶。

2 现在为月球车添加细节。用胶水将两根11厘米长的圆棍粘在车头的美纹纸胶带上，将另外两根11厘米长的圆棍粘在车尾。

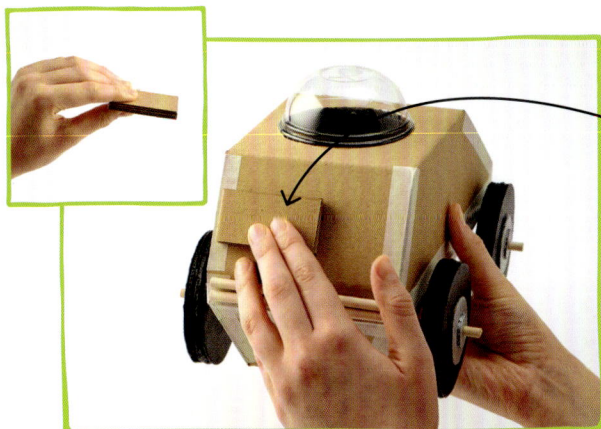

涂上颜料后，它看起来就像月球车上的控制板。

请成年人将乒乓球切成两半。

3 剪8片2厘米×6厘米的长方形硬纸板，将它们分成两叠，每叠4片，用胶水粘在一起。将一叠用胶水粘贴在月球车的后部，另一叠粘贴在侧面，晾干。

4 用胶水将半个乒乓球粘在月球车后部那叠硬纸板的旁边，按住直至胶水凝固。

不要在透明的圆顶窗上涂颜料。

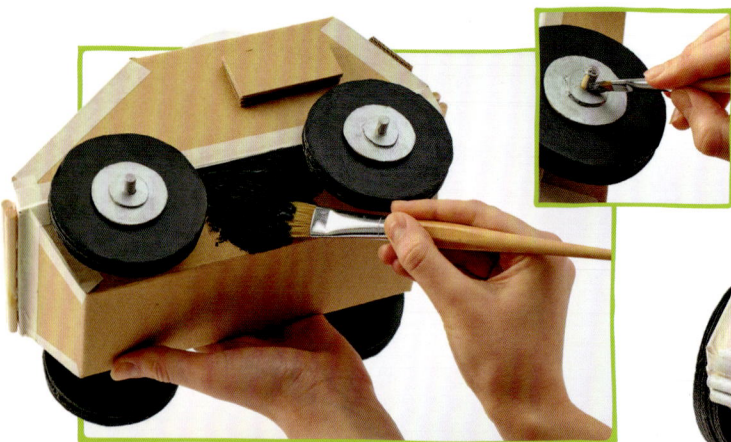

5 将底盘外侧涂成黑色，轴的末端涂成银色。

6 接下来，给月球车的车顶部分涂银色颜料，然后晾干。

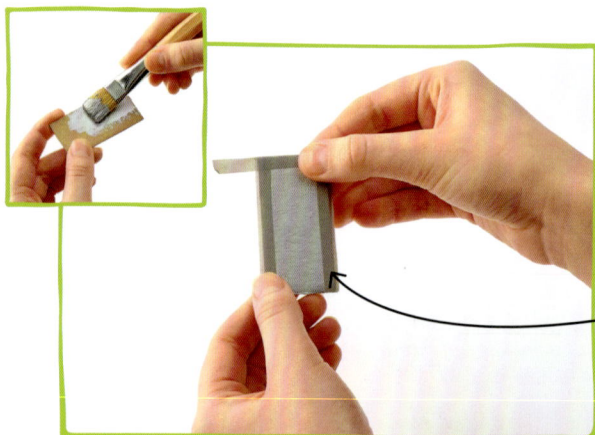

等颜料晾干后，用银色的和纸胶带包裹太阳能电池板的边缘，作为边框。

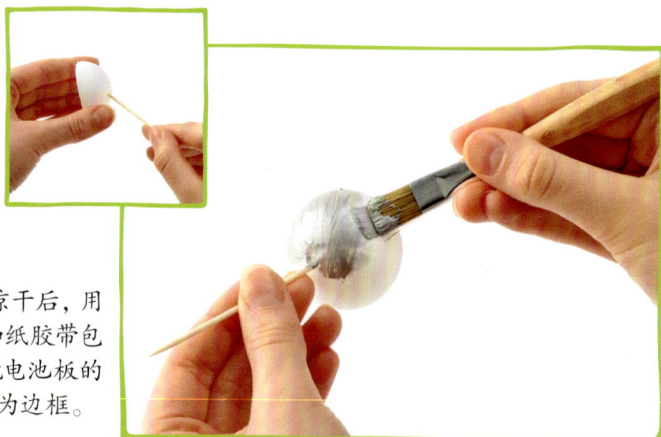

7 剪一片3厘米×6厘米的长方形硬纸板，涂成银色，用和纸胶带包住它的四条边，再用胶水将它粘到10厘米长的圆棍上。然后把圆棍涂成银色。这就是太阳能电池板。

8 现在制作接收器。把牙签插入另一半乒乓球中，然后用胶水固定，将它们都涂成银色。

如果你没有银色的小伞签，可以把其他颜色的小伞签涂成银色。

9 现在制作卫星天线。打开小伞签，剪掉里面的木签。用胶水将6厘米长的圆棍粘在小伞签顶部，并且把圆棍涂成银色。

10 用网格法在黄色卡纸上复制第102页上的前窗和两侧的车窗，将它们剪下来，用胶水固定在车上，然后添加黄色贴纸作为前照灯。

添加一根被涂成银色的牙签天线。

用于与绕月球飞行的航天器进行通信的无线电天线。

太阳能可以驱动月球车的电动机。

加压的车内环境使航天员无须穿航天服。

用大功率无线电可以直接联系到地球上的指挥中心。

11 添加红色贴纸和图钉，作为尾灯和闪光灯。然后用胶水固定太阳能电池板、卫星天线和接收器。向后拉月球车，使橡皮筋卷起，然后松手，看着它快速前进！

当月球车被向后拉时，橡皮筋会被拉伸。当松手时，橡皮筋就会弹回，以驱动月球车前进。

太空科学
驾驶设计

　　20世纪70年代，美国国家航空和航天局在阿波罗登月任务期间使用了开放式月球车，有效地扩大了航天员的探索范围，因此他们也能收集更多的岩石样本。在地球上的荒漠中进行的测试表明，密封的漫游车在未来可以为航天员提供更多帮助。用于月球和火星探测的最新漫游车均配有供航天员使用的密封舱，并且配有6个车轮以增加稳定性。

阿波罗月球车

美国国家航空和航天局的"小型加压月球车"

美国国家航空和航天局的"火星漫游探测车"

太空中的巨大基地

　　国际空间站是有史以来围绕地球轨道运行的最大的人造物体。它是如此大，以至于必须在太空中分段建造，进行了超过40次的火箭发射才将所有组件都送上太空。航天器会定期访问国际空间站，接送航天员、运送来自地球的设备和补给。

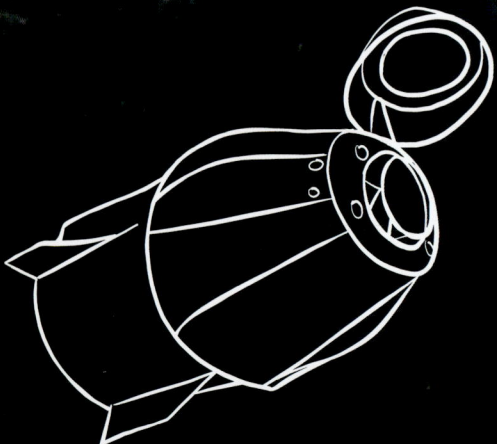

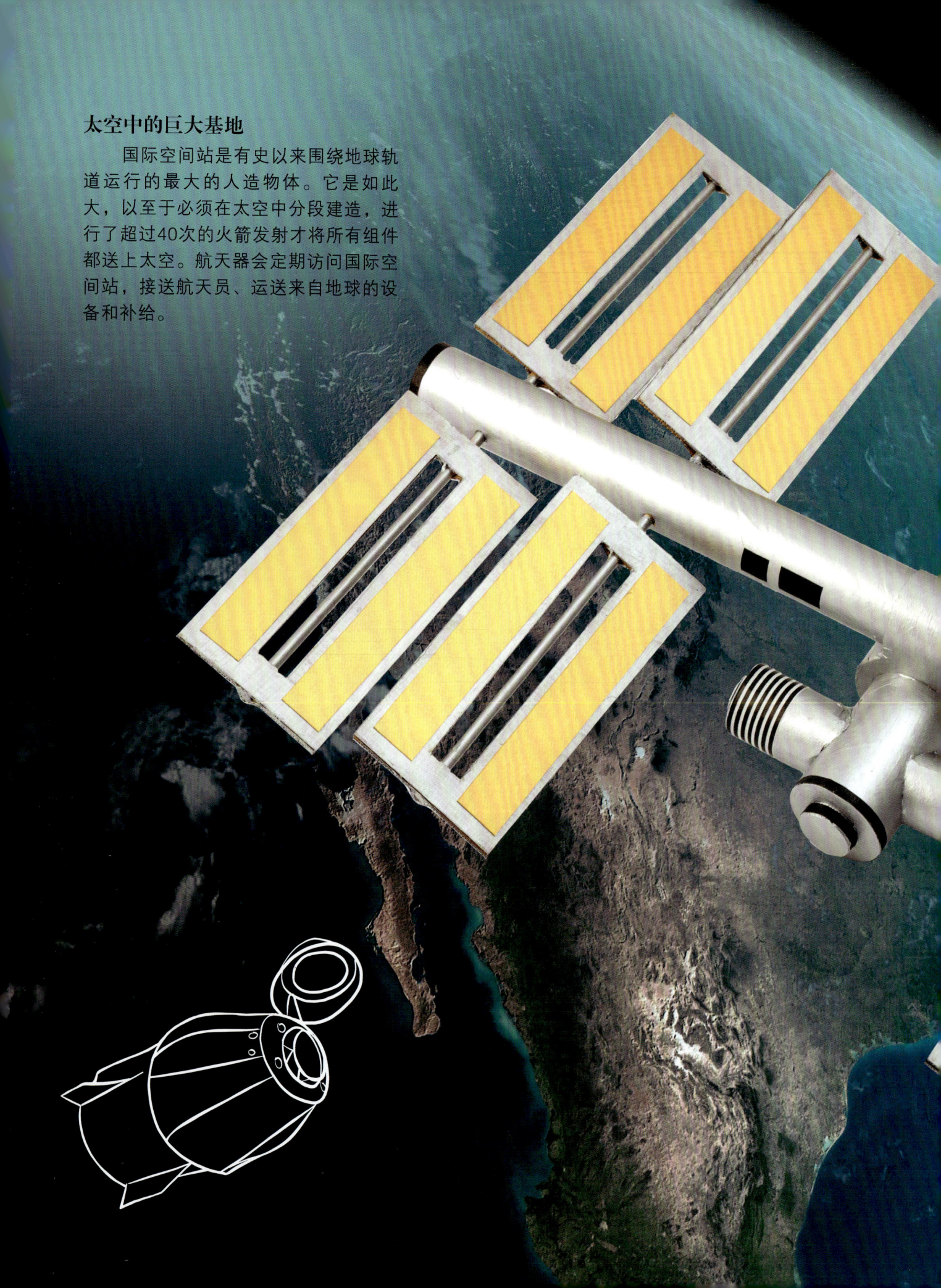

国际空间站

国际空间站是一项不可思议的太空壮举，它是由16个国家在18年的时间里共同建造的，但是你可以在几小时内独自完成这个空间站的模型，无须任何帮助。

国际空间站由会跟随太阳的太阳能电池板提供电力。你的空间站上也有可调整角度的太阳能电池板。

空间站中央有一根横梁，这种结构被称为"桁架"，用来连接所有组件和模块。

染色的瓶盖是"对接口"。

空间站看起来就像夜空中快速移动的明亮光点。你可以在美国国家航空和航天局的网站上追踪国际空间站的位置。

如何制作
国际空间站

这个项目由相互嵌套的纸管构成，最长的纸管上固定着可旋转的"太阳能电池板"。你可以根据自己的喜好添加装饰，发挥创造力！

时间	难易程度
2小时，另加晾干时间	难

所需材料与工具

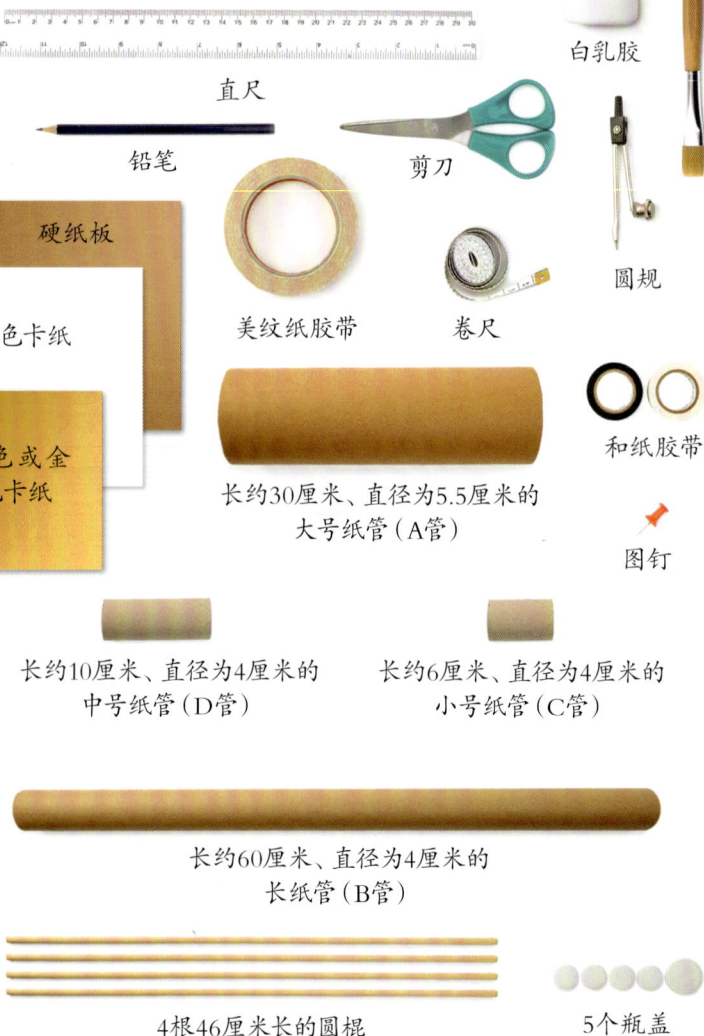

直尺

铅笔

剪刀

硬纸板

白色卡纸

黄色或金色卡纸

美纹纸胶带

卷尺

圆规

白乳胶

画笔

银色颜料

和纸胶带

图钉

长约30厘米、直径为5.5厘米的大号纸管（A管）

长约10厘米、直径为4厘米的中号纸管（D管）

长约6厘米、直径为4厘米的小号纸管（C管）

长约60厘米、直径为4厘米的长纸管（B管）

4根46厘米长的圆棍

5个瓶盖

1 测量A管的直径，然后将它除以2，得到半径。将圆规的半径设置为这个数据，在一张大约25厘米×10厘米的硬纸板上画一个圆。

2 从圆周向外画一条直线。测量B管圆周的长度，然后减去2厘米，以这个长度在直线上做标记。

3 将圆规设置为与步骤1相同的半径，将圆规的针尖放在直线上，而将圆规的铅笔尖放到刚才标记的点上，再画一个圆。

4 在两个圆的周围分别再画一个圆，半径比之前的圆大1厘米。

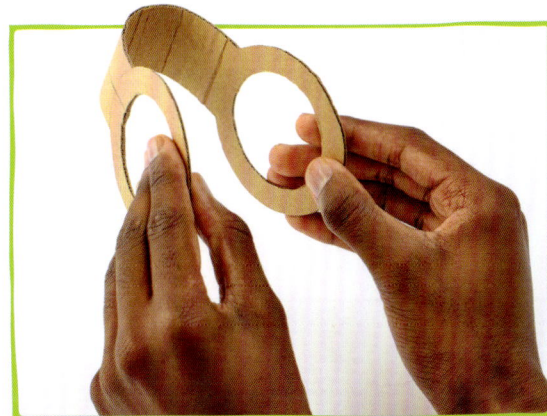

5 在连接几个圆的线的两侧分别画一条平行线，平行线距离中心线2厘米，然后沿着外轮廓进行剪切，并剪下内圆。

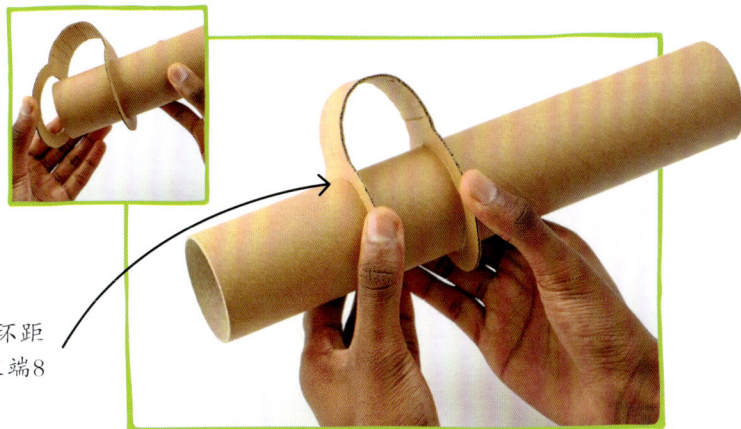

6 轻轻地弯曲步骤5中剪出的形状。这将成为你用来连接中央管（A管和B管）的连接器。

7 将连接器的两个环套在A管上，并且轻轻将它们移到距离A管一端大约8厘米处。

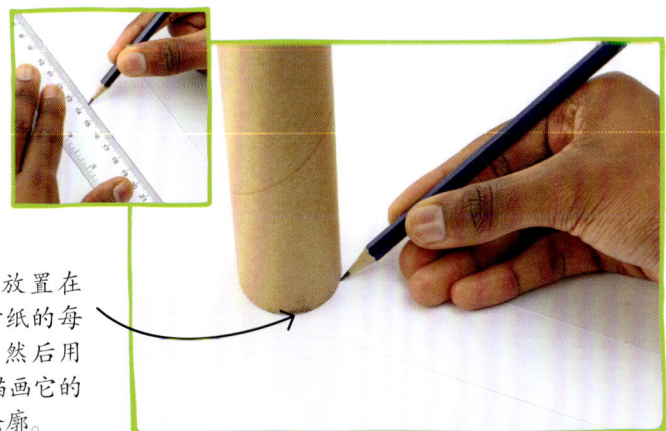

靠外的环距离A管末端8厘米。

8 将B管的一半插入弯曲的连接器中，使它与A管成直角。B管是空间站的桁架，而A管是主模块。

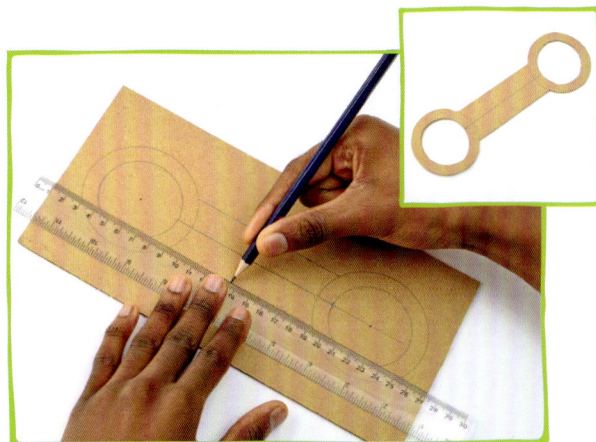

9 在白色卡纸上画一个4厘米×22厘米的长方形，剪下来。把B管分别立在长方形的末端，画B管的圆周轮廓。沿着轮廓线剪切，使末端变成"凹"形。

将B管放置在白色卡纸的每一端，然后用铅笔描画它的圆周轮廓。

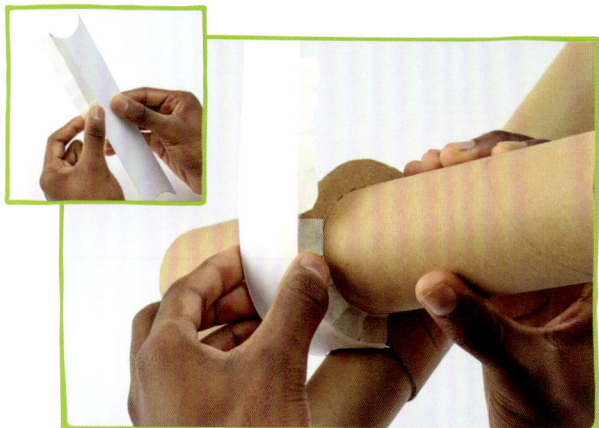

10 在白色卡纸的长边竖着粘贴一排美纹纸胶带，然后将它放在连接器的两个环上，把两个环并起来，折弯美纹纸胶带，将白色卡纸的一条长边粘贴在一个环上。

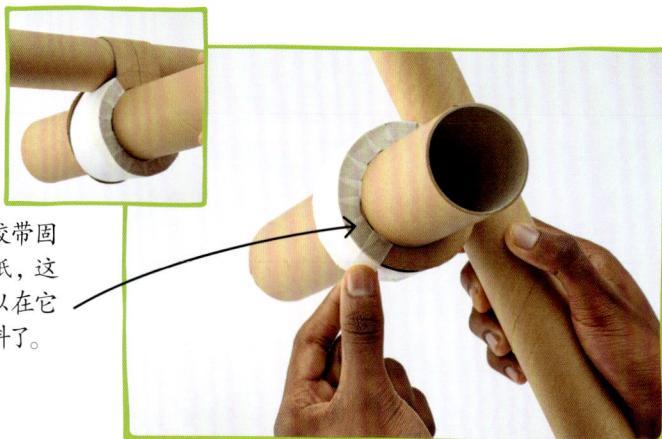

用美纹纸胶带固定白色卡纸，这样你就可以在它上面涂颜料了。

11 重复上述步骤，将白色卡纸的另一条长边粘贴到另一个环上。

12 现在制作国际空间站的另一个模块。将C管的一端压平，然后在上面画一条曲线。沿着曲线剪开，然后将C管恢复成之前的形状。

13 将C管平整的一端立在一张硬纸板上，围绕C管的圆周画一个圆，然后剪下这个圆。

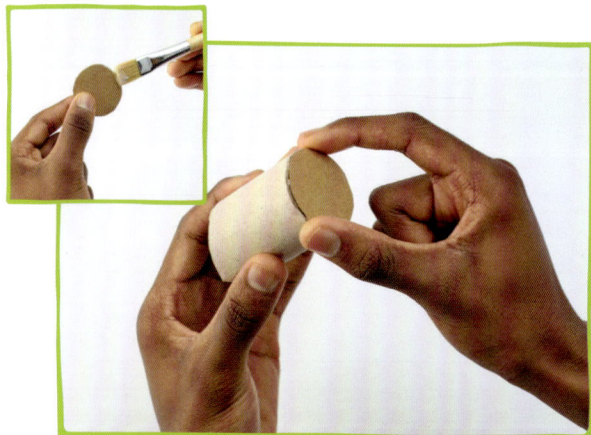

14 在圆的边缘涂胶水，然后将它粘贴到C管平整的一端，按压直到胶水凝固。

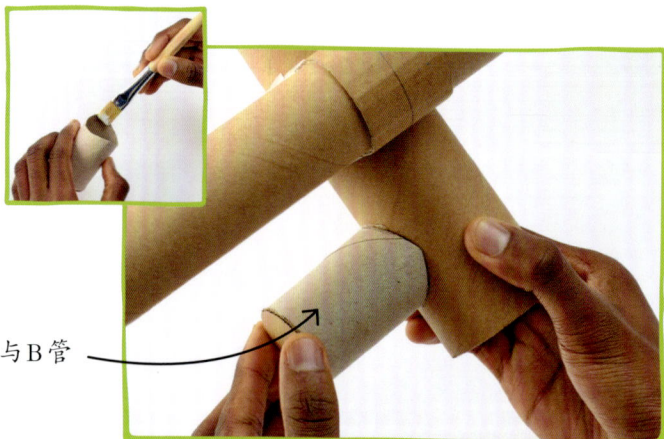

使C管与B管平行。

15 用胶水将C管有凹弧的一端粘到A管上步骤7留出的那8厘米纸管的中间。

16 用D管重复步骤12—15，将D管连接到A管上，D管位于C管的对面，隔着A管与C管对齐。

国际空间站中央的桁架长约108.5米。

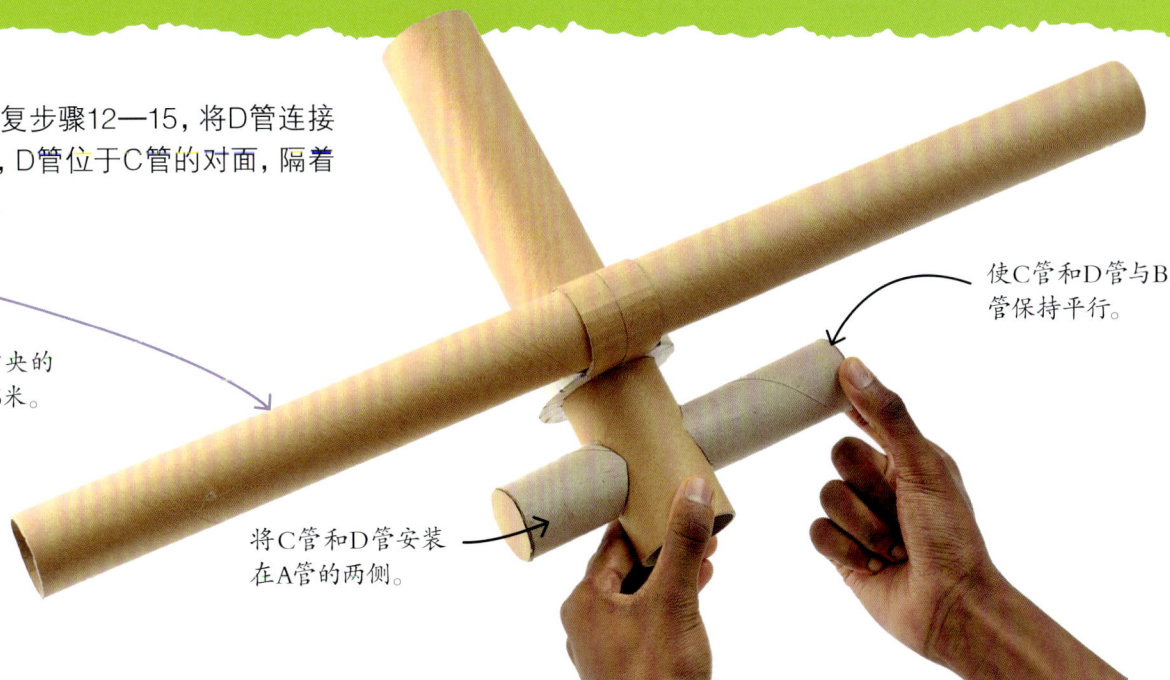

使C管和D管与B管保持平行。

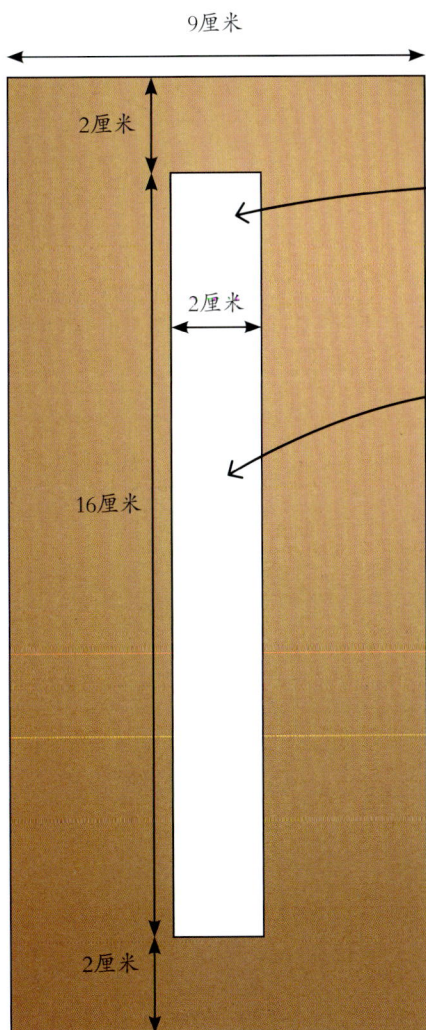

将C管和D管安装在A管的两侧。

9厘米

2厘米

2厘米

16厘米

20厘米

2厘米

在中央剪出长方形的孔。

首先用铅笔在长方形里扎一个孔，以便剪切。

17 现在制作太阳能电池板。按照上图所示的尺寸在硬纸板画8个长方形（长方形A），然后将它们剪下来。

10厘米

2厘米

3厘米

16厘米

20厘米

2厘米

长方形B比长方形A宽，因为会用它包裹圆棍。

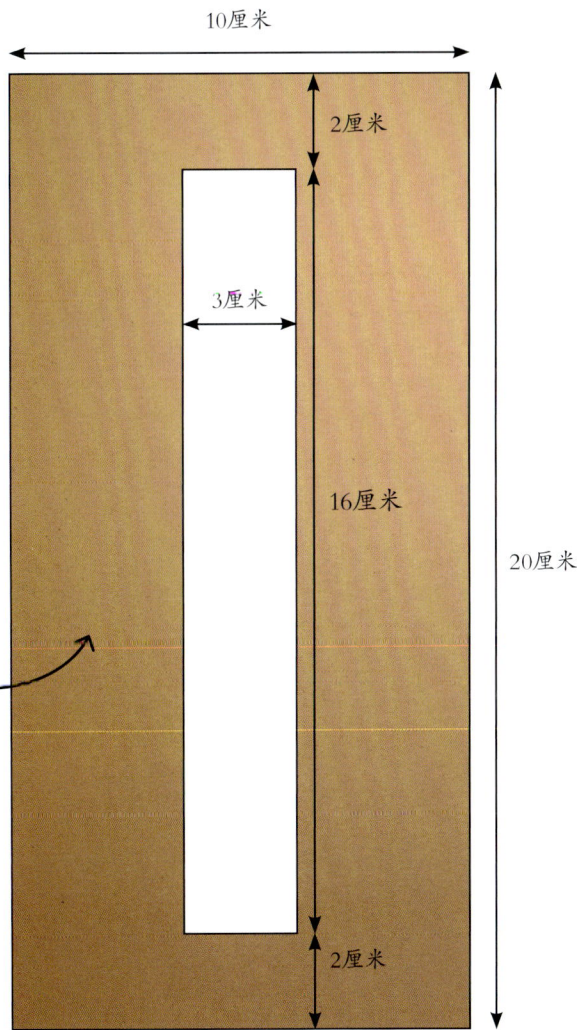

18 然后在硬纸板上再画8个长方形（长方形B），如上图所示，略宽于之前的长方形A。

19 现在组装太阳能电池板。将胶水涂在4个长方形A的两端，再分别将4根圆棍的一端与每个长方形A的边缘对齐，然后将圆棍粘贴在长方形A的中间。等待胶水凝固。

用胶水粘贴时，要将长方形的边缘对齐。

20 用胶水将4个长方形B分别粘贴到4个长方形A上，在圆棍处压弯长方形B，使圆棍夹在两个长方形之间。

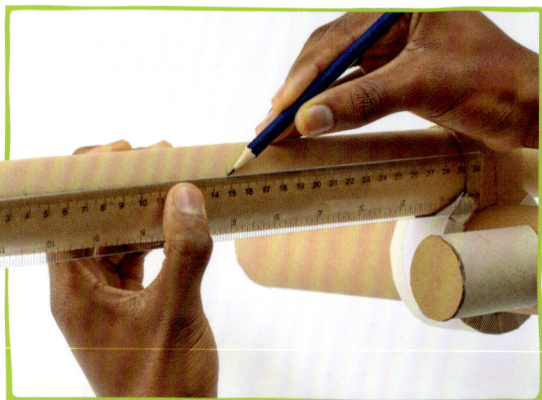

21 在B管侧面画一条纵向的线，大约在B管的中间位置。在这条线上距离一端4厘米和15厘米处分别做标记，另一端也一样。

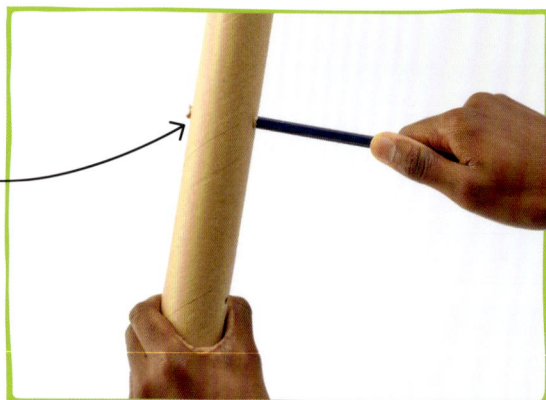

这些孔应该在纸管的两侧对齐。

22 重复步骤21，在步骤21中所做的标记对侧做同样的标记。用铅笔在这8个标记上扎孔。

23 小心地将4根装有"太阳能电池板"的圆棍分别穿过B管两侧的4对孔。

确保两组太阳能电池板的安装方式相同。

24 重复步骤19—20，在圆棍的另一侧安装剩下的4块"太阳能电池板"。

25 剪一个与A管直径相同的硬纸板圆（参见步骤1），然后用胶水将它粘贴到A管靠近C管和D管的末端。接着剪两个直径为4厘米的圆，将它们用胶水分别粘贴到B管的两端。

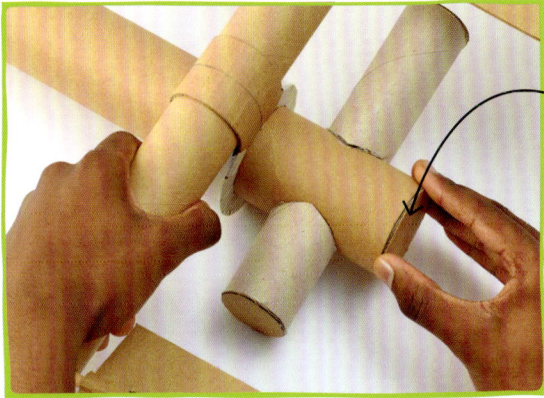

将圆粘贴到A管靠近C管和D管的末端。

26 剪两片尺寸为23厘米×6厘米的长方形硬纸板，用胶水将它们粘贴在一起，使它的厚度加倍，并用胶水粘贴到A管开口的一端。让胶水凝固。

27 在每根管子被圆覆盖的末端分别用胶水粘一只瓶盖，这是"对接口"。然后你就可以开始涂颜料了。

国际空间站围绕地球运行的轨道高度在400千米左右。

转动圆棍，使太阳能电池板倾斜。

空间站的模块包含居住区和实验室等部分。

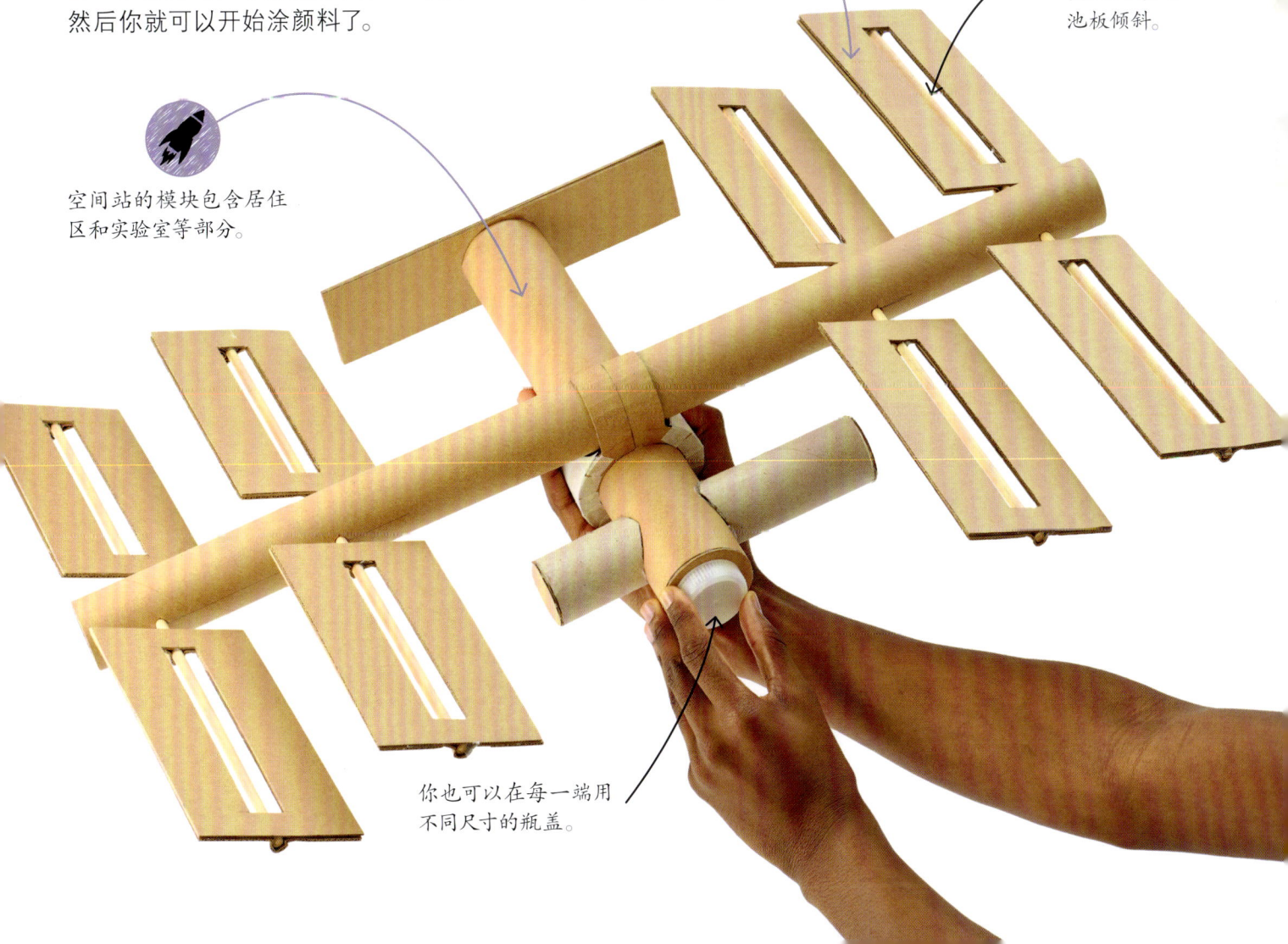

你也可以在每一端用不同尺寸的瓶盖。

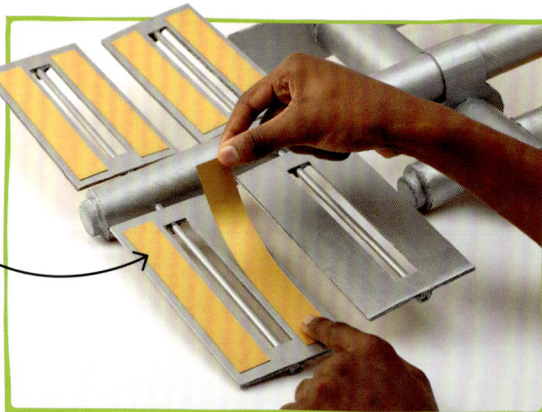

将金色卡纸粘贴在太阳能电池板的平坦面上。

28 将整个模型涂成银色。如果需要，可以给它再涂一层颜料，直到完全覆盖所有的部件。然后等待它晾干。

29 剪16张尺寸为2.5厘米×18厘米的金色卡纸。用胶水在每块太阳能电池板的中央孔的两侧分别粘贴一张金色卡纸。

空间站围绕地球运行一圈要90分钟。

太阳能电池板将太阳光的能量转化为电力，为空间站提供能源。

贴上和纸胶带，模拟散热器面板。

银色的散热器面板可以排出空间站内部多余的热量。

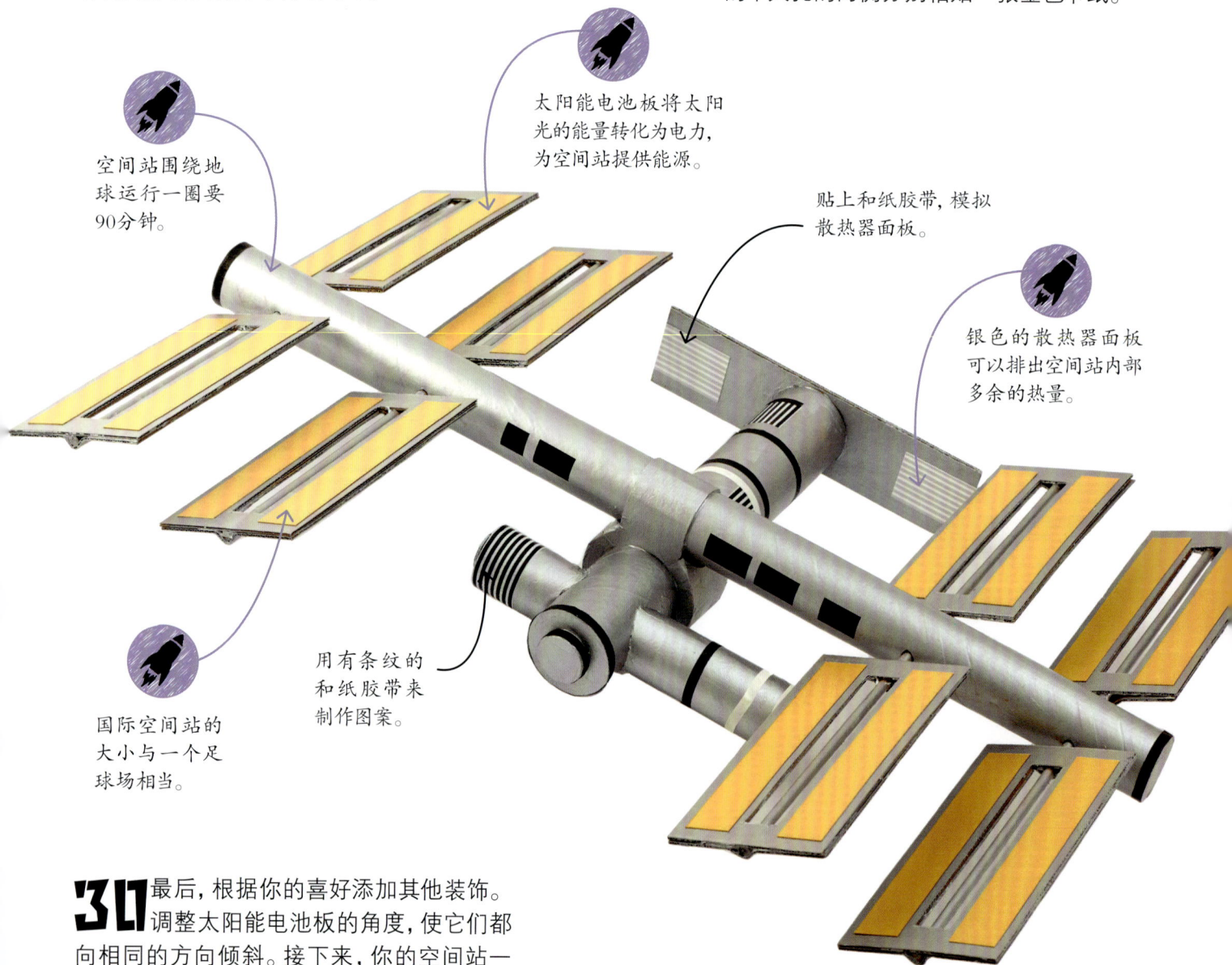

国际空间站的大小与一个足球场相当。

用有条纹的和纸胶带来制作图案。

30 最后，根据你的喜好添加其他装饰。调整太阳能电池板的角度，使它们都向相同的方向倾斜。接下来，你的空间站一切就绪，可以供航天员使用了。

太空科学
空间站上的生活

　　自2000年以来，国际空间站已经接待了260多名航天员，他们通常会在空间站居住6个月或更长时间。国际空间站的主模块是实验室，航天员会在实验室中研究失重对各种物体的影响，包括金属、晶体、植物和小动物。航天员也会在他们自己身上做实验，以更多地了解如何在未来前往火星等地的任务中保持健康。

航天员在空间站外进行太空行走、维修或更新设备，他们也在太空的真空环境中进行科学实验。

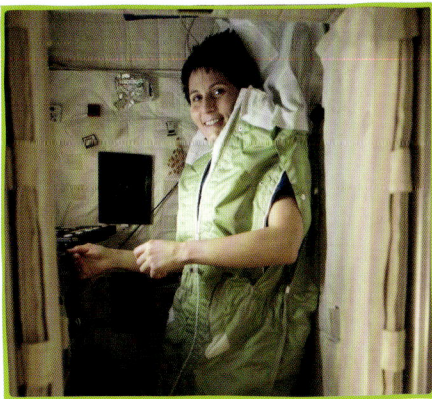

　　国际空间站的中央桁架连接着一系列密封模块，这些模块提供的空间比一间六居室的房子还要大。

国际空间站有7间舱室，航天员睡觉时可以钻入舱室的睡袋，以防在睡觉时飘走。

穹顶号观测舱模块有大窗户，航天员们可以通过它俯瞰地球，它是航天员们喜欢的可以放松一下的地方。

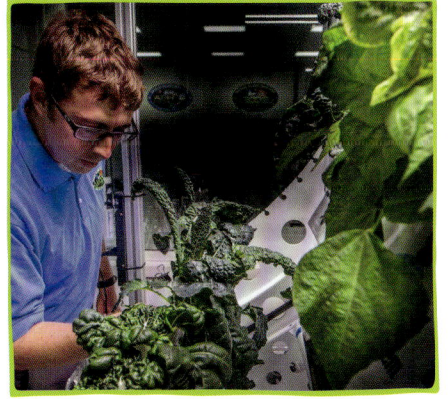

科学家正在研究如何在没有太阳光或地球重力的太空中种植新鲜的食物。

对接实验

航天员需要出色的协调能力，而这项实验是对你判断轨道、速度和距离的能力的一项很好的测试。试试看，你能对接成功吗？

拉动这根绳子，将橡皮泥球从杯中倒出。

这根绳子可以将橡皮泥球带到目标洞口上方。

在恰当的时刻释放橡皮泥球，使它准确地落入洞口中。

一个比萨饼盒就是不错的实验道具，你也可以使用其他有宽顶的扁盒子。

高速对接

抵达国际空间站的航天器需要在高速移动中与目标进行对接，而空间站本身就在以平均每小时27700多千米的速度围绕地球运行。

如何进行

对接实验

　　我们用了一个比萨饼盒作为"靶子"（你可以在网上购买比萨饼盒）。我们为比萨饼盒和纸杯添加的装饰可以与本书中的其他项目相搭配，因此你可以使用现成的材料，挑战没有改变，仍是将橡皮泥球投入洞中！

时间
30分钟，另加
晾干时间

难易程度
中等

所需材料与工具

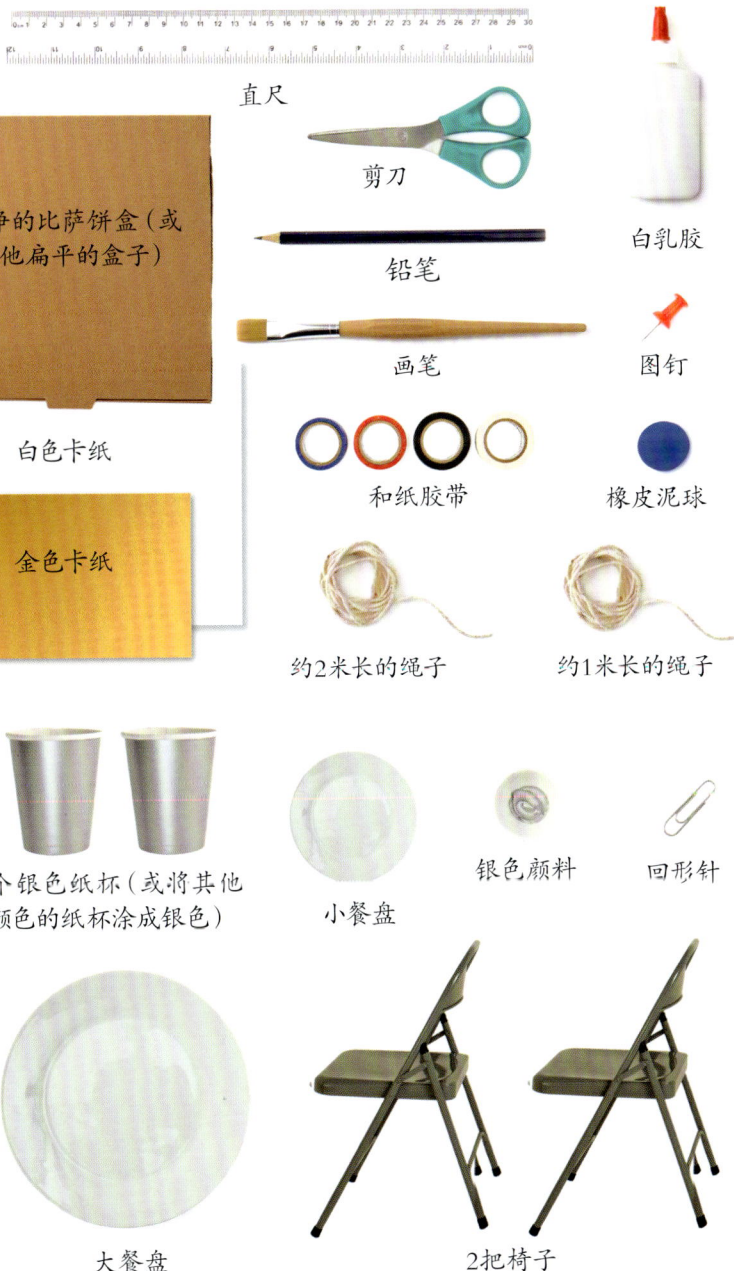

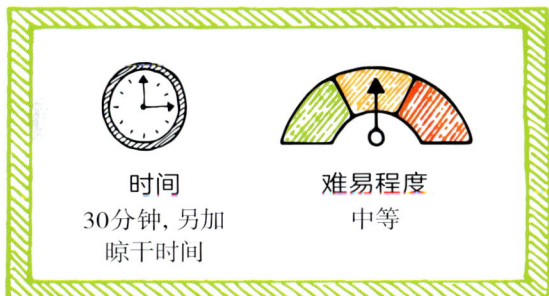

直尺

剪刀

铅笔

画笔

白乳胶

图钉

干净的比萨饼盒（或其他扁平的盒子）

白色卡纸

金色卡纸

和纸胶带

橡皮泥球

约2米长的绳子

约1米长的绳子

2个银色纸杯（或将其他颜色的纸杯涂成银色）

小餐盘

银色颜料

回形针

大餐盘

2把椅子

1 如果你的比萨饼盒是买来的，它通常是展开的纸板，因此你得先将它折叠起来。在盒盖上的3个侧面上涂胶水，插入盒中，然后按压盒子的侧面，直到胶水凝固。

2 将盒子的外表涂成银色。如有必要，可以再给它涂一层颜料，将盒子完全变成银色。然后将它晾干。

3 将一个大餐盘扣在一张白色卡纸上，用铅笔沿着餐盘的边缘描画它的轮廓，然后剪下这个圆。

任何较大的圆形物体都可以，只要它能被扣在比萨饼盒上即可。

4 重复步骤3，但换成一个较小的餐盘，将它扣在金色卡纸上，描画它的圆形轮廓（如果没有金色卡纸，还可以将白纸卡纸涂成金色）。

5 在圆形的金色卡纸背面涂胶水，然后将它粘贴在白色圆卡纸的中间。按压这两个圆，直到胶水凝固。

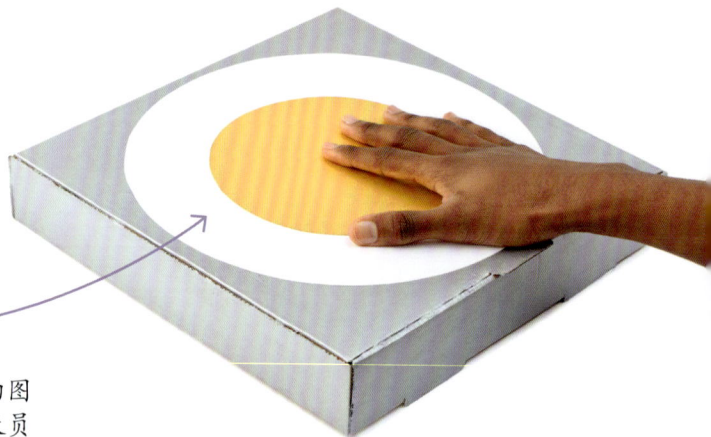

对接口周围的图案有助于航天员或计算机精确瞄准目标。

6 重复步骤5，但这次是将白色圆卡纸的背面用胶水粘贴在银色比萨饼盒的中间。同样，按压圆卡纸和比萨饼盒，直到胶水凝固。

7 将一个纸杯放在比萨饼盒旁边，靠着比萨饼盒。将铅笔放在盒顶，转动纸杯，以比萨饼盒的高度在纸杯的侧面做一圈标记。

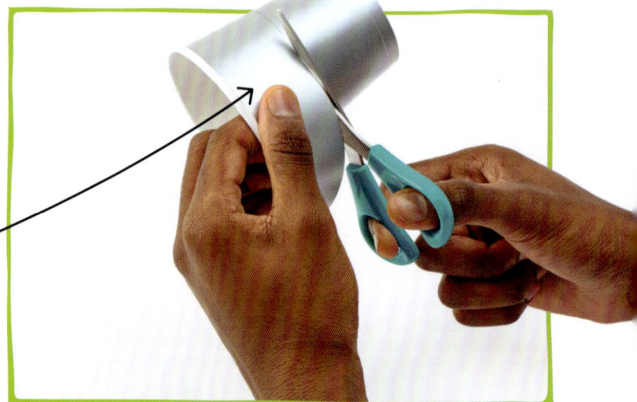

如果你使用的不是比萨饼盒，就让纸杯与你使用的盒子高度相同。

8 用铅笔连接标记，然后小心沿着标记线剪开。纸杯现在的高度与比萨饼盒的高度相同。

9 将纸杯的内部涂成银色。你可能需要涂两层颜料，才能完全覆盖纸杯的内部。晾干。

10 将纸杯上下颠倒，放在金色圆卡纸的中间。用铅笔沿着纸杯的外沿画出它的轮廓。

11 用铅笔在圆的中央扎一个孔，然后将剪刀插入孔中沿着纸杯的轮廓线剪开。

我们已将对接口装饰得与第110—111页的"国际空间站"相匹配了。

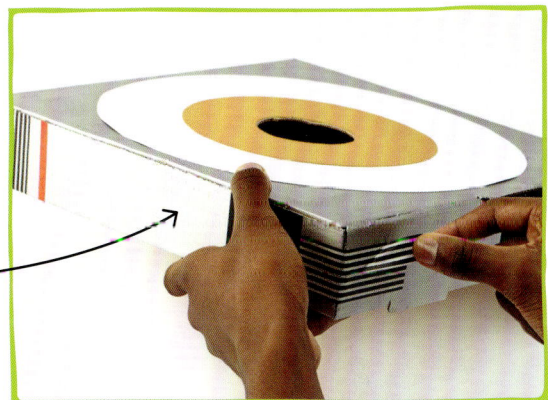

12 如果你愿意，你可以用颜料或和纸胶带装饰盒子。你可以使它的外观与本书中的空间站或火箭模型相匹配。

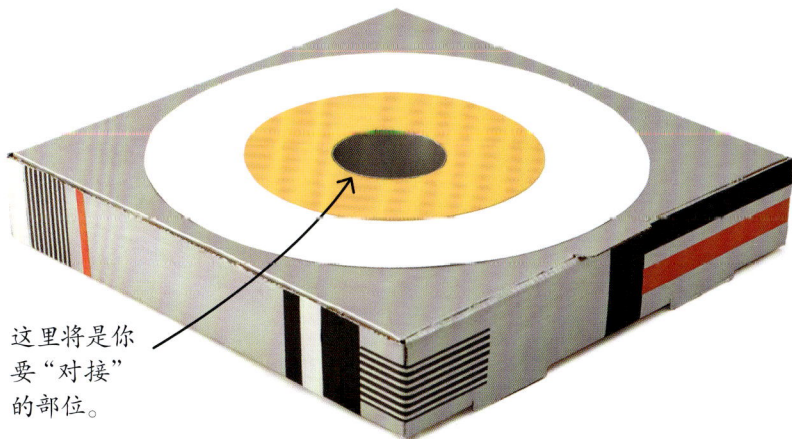

13 在纸杯的底部涂胶水，将它放在中央的圆洞中，然后从纸杯内部按压纸杯的底部，直到胶水凝固。

这里将是你要"对接"的部位。

14 你的对接口已经准备好了，中央有一个圆洞。接下来，你还要制作将要"入站"的航天器。

15 第二个纸杯将成为你的入站航天器。如果你愿意的话，可以用和纸胶带来装饰它，使它的外形与对接口相匹配。

将绳子的结打在纸杯内，以防绳子从孔中脱出。

16 在纸杯的底部靠近边缘处用图钉扎一个孔，然后将较短的绳子穿过孔，并打结。

17 用图钉在纸杯顶部靠近边缘处再扎一个孔，与步骤16中扎的孔在同一垂直线上。

纸杯应该可以自由地悬挂在回形针上。

18 轻轻地掰开回形针，将它的末端穿过上一步扎的孔中，然后将回形针重新闭合。

19 将较长的绳子的一端穿过回形针。

将长绳系在两把椅子上，使长绳向下倾斜。

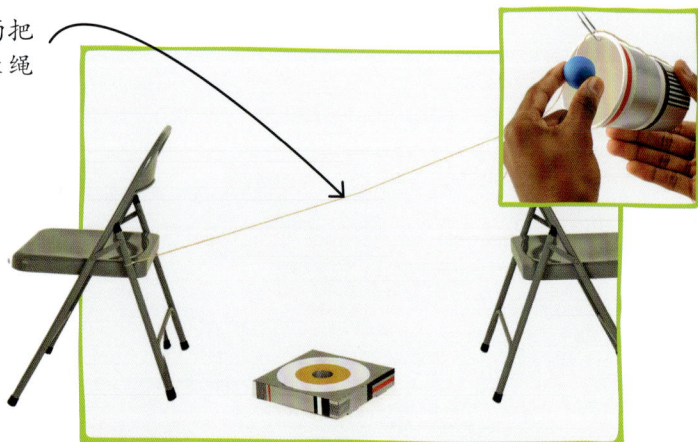

20 将对接口放在地上，位于两把椅子之间，再将长绳系在两把椅子上（如图）。把橡皮泥球放入纸杯中，然后将纸杯拉到最高处。

21 一只手轻轻地拉着短绳，另一只手释放纸杯。当纸杯开始朝低处滑时，通过拉短绳来抬起纸杯，从而让橡皮泥球落入对接口中。

在恰当的时刻拉这根绳子，会使杯底抬起，从而释放橡皮泥球。

航天器用特殊的对接系统来控制速度和角度。

你能否成功命中目标？如果没有，那就重新将橡皮泥球放入纸杯，再试一次！

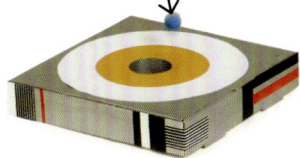

难度升级！

· 你想测试你的对接技能吗？当航天器与空间站进行对接时，空间站和航天器都在各自的轨道上运行，安全对接十分困难。你可以尝试与之类似的活动：

· 将对接口放在两把椅子之间的一张纸上，靠近绳子的一端。

· 请朋友慢慢地拉这张纸，让对接口在绳子下方缓慢移动。

· 让纸杯沿绳子滑下。在纸杯和对接口都在移动时，你能否在正确的时刻释放橡皮泥球，成功对接呢？

太空科学
对接挑战

为了与空间站等目标对接，航天器必须微小地逐步改变角度和速度。大型火箭发动机对这项精密的工作来说过于强大，因此航天器会使用被称为"推进器"的小型火箭。对接系统计算与目标的距离和相对速度，然后由航天员或计算机瞄准目标周围的视觉场，最终逼近对接口。

航天器的对接系统使用锁紧装置。一旦航天器到达正确的位置，锁紧装置就会启动，将两者锁定、连接为一体。

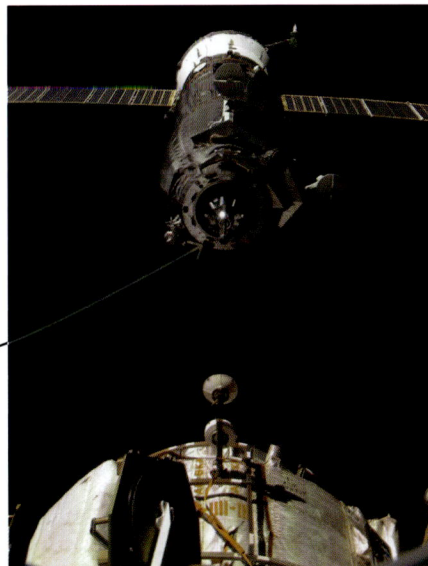

遥控机械臂

你是否曾希望自己拥有可延伸的手臂？你只要动动手指，这条机械手臂也会随之而动，重复你的手部动作。虽然大多数太空机械臂是被远程控制的，但是这条机械臂由你直接控制。

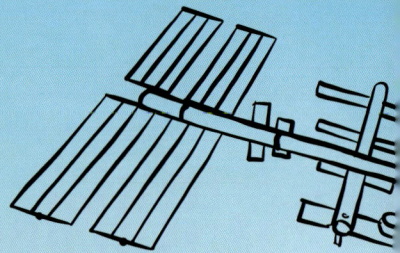

你可以装饰这条机械臂，使它的外观与太空头盔相匹配，或者你也可以将它涂成纯白色或银色。

机械臂

机械工具让航天员可以远程执行精细的任务。在国际空间站上，有几条外部机械臂帮助机组人员对国际空间站的外部进行维修，减少了航天员冒险到空间站外面工作的次数。

用一组简单的绳子将你的手指与机械臂的"手指"相连接。

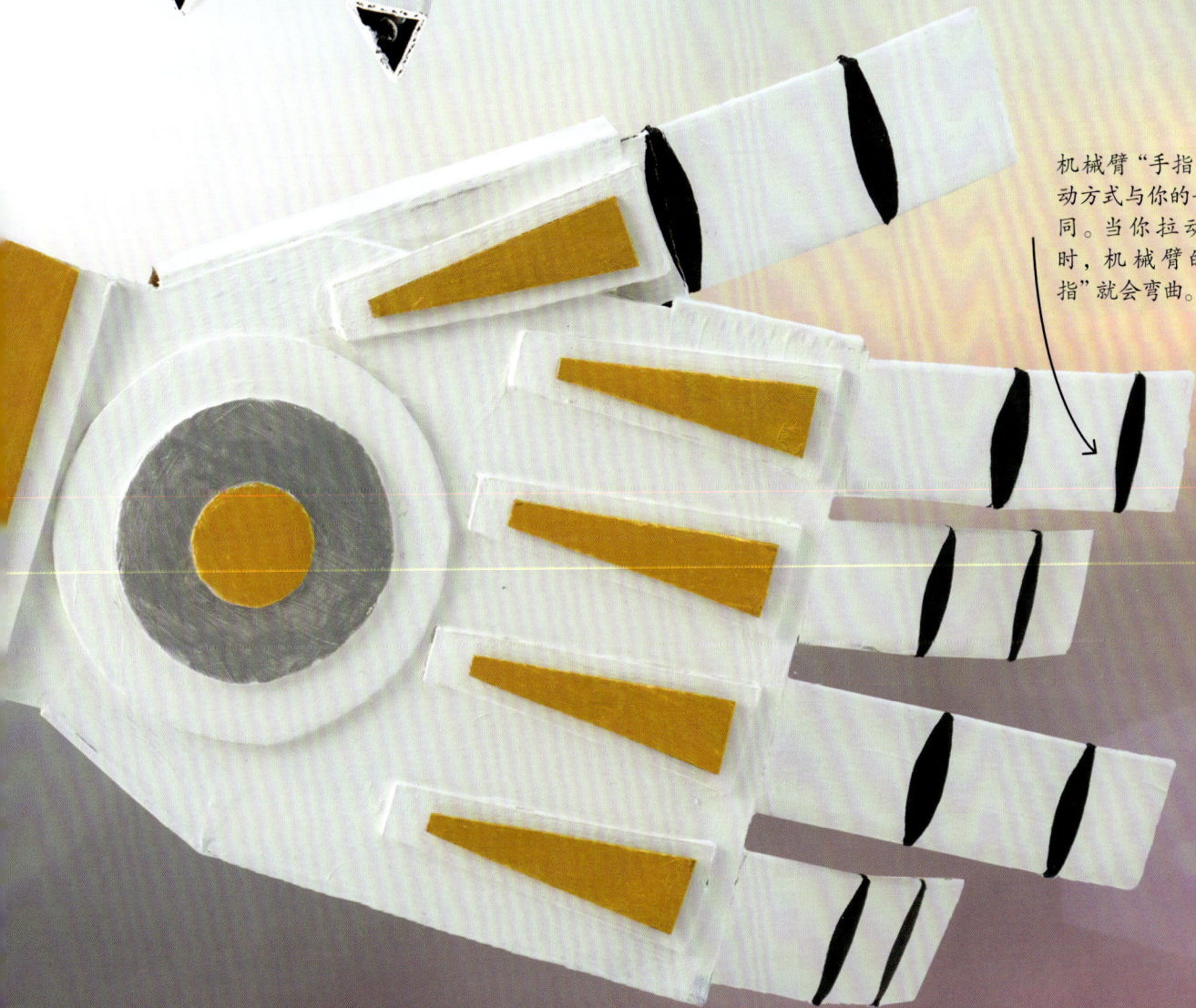

机械臂"手指"的运动方式与你的手指相同。当你拉动绳子时，机械臂的"手指"就会弯曲。

如何制作
遥控机械臂

在这个项目中你将使用网格法来复制和放大模板，使剪下来的形状与模板成比例。我们添加了与太空头盔相匹配的装饰（参见第84—91页），当然，你也可以不添加装饰。

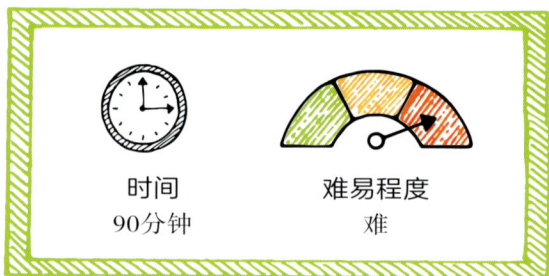

时间	难易程度
90分钟	难

所需材料与工具

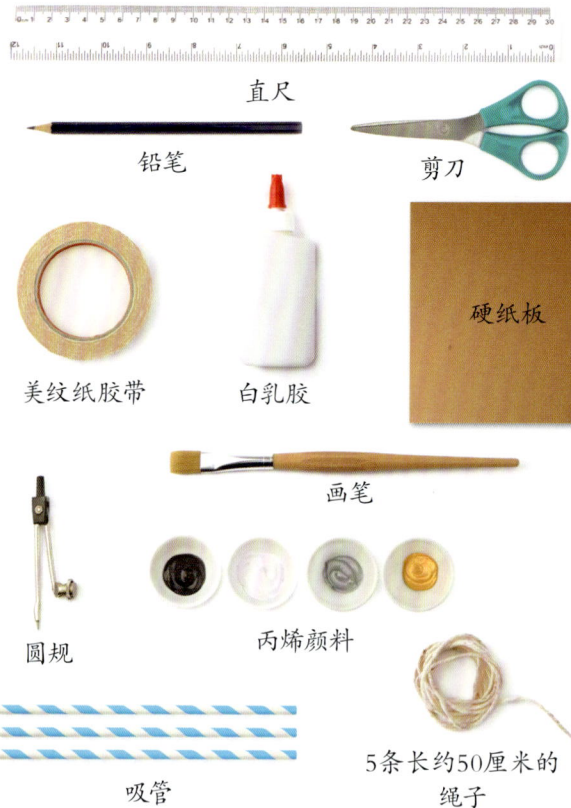

直尺

铅笔

剪刀

美纹纸胶带

白乳胶

硬纸板

画笔

圆规

丙烯颜料

吸管

5条长约50厘米的绳子

模板

用网格法复制和放大下面这些形状。在硬纸板上绘制正方形网格，然后将模板上每个正方形网格中的形状复制到硬纸板上对应的网格中。

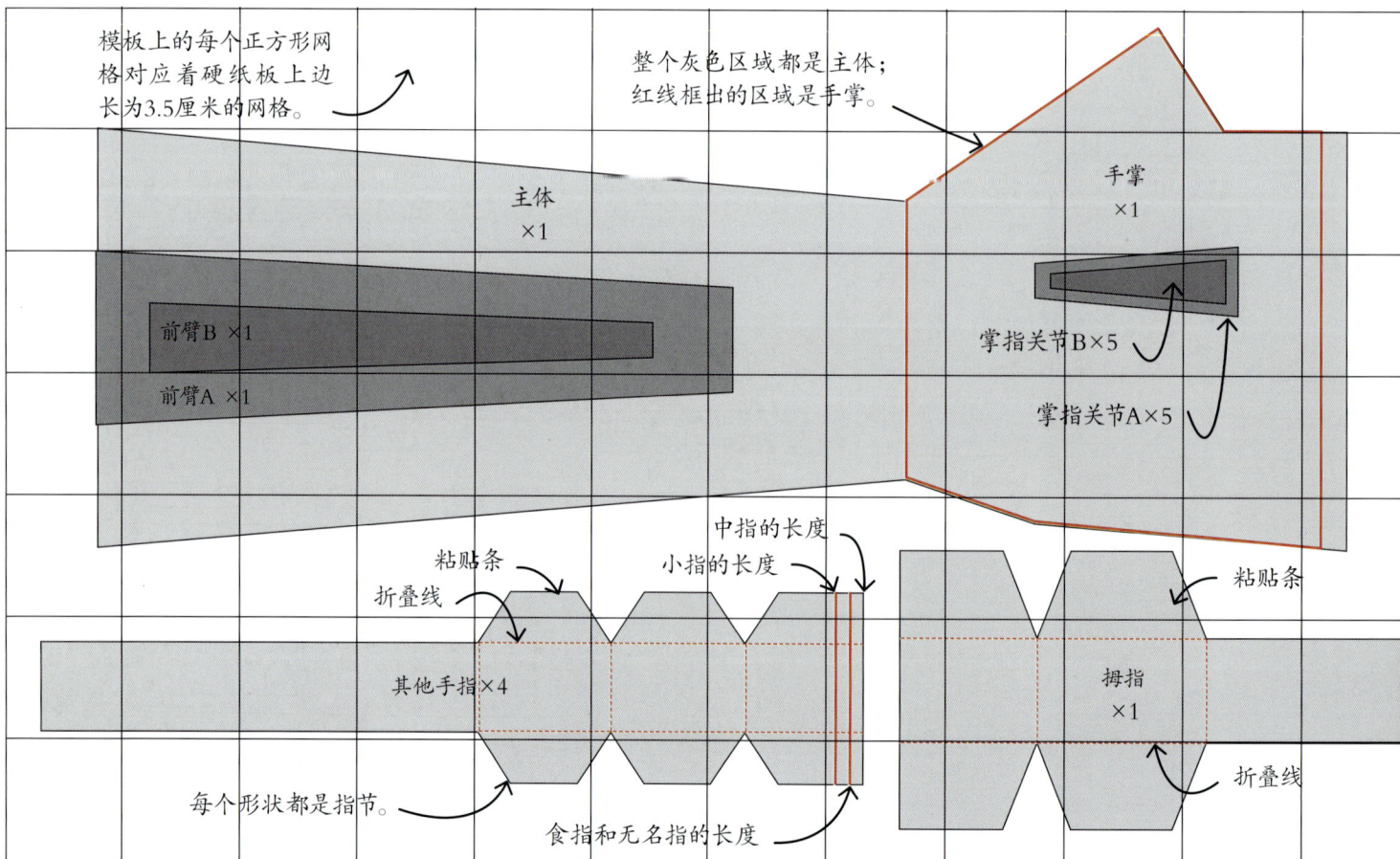

模板上的每个正方形网格对应着硬纸板上边长为3.5厘米的网格。

整个灰色区域都是主体；红线框出的区域是手掌。

主体 ×1

手掌 ×1

前臂B ×1

前臂A ×1

掌指关节B×5

掌指关节A×5

粘贴条

折叠线

中指的长度

小指的长度

粘贴条

其他手指×4

拇指 ×1

折叠线

每个形状都是指节。

食指和无名指的长度

每个正方形网格都对应着模板上的一个网格。

复制每个网格中的形状, 一次复制一个网格。

1 在一张大的硬纸板上画3.5厘米×3.5厘米的正方形网格。用网格法将其他4根手指的形状复制到硬纸板上。

2 将其他4根手指剪下来。将每根手指的一面涂成黑色, 然后晾干。

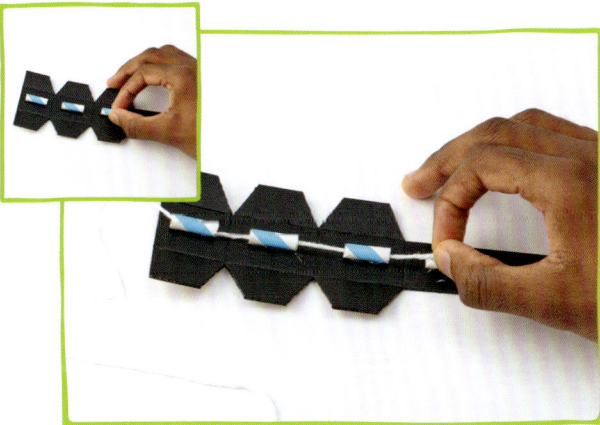

这个绳结可以固定绳子, 防止绳子被拉出。

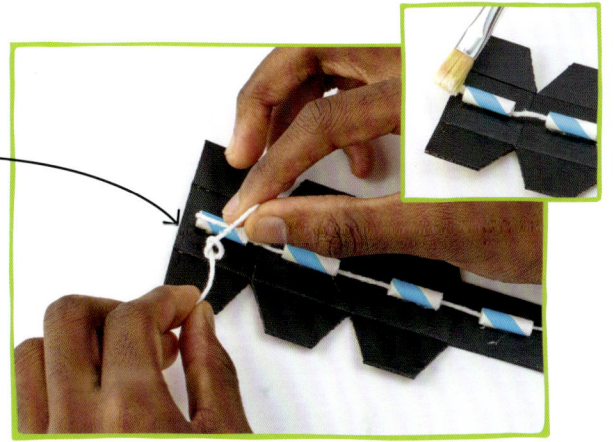

3 剪16截2厘米长的吸管, 在每根手指的关节中间分别用胶水粘一截吸管。待胶水凝固后, 将4根绳子分别穿过每根手指上的吸管。

4 在指尖打一个绳结, 将绳结用胶水粘在吸管末端适当的位置。

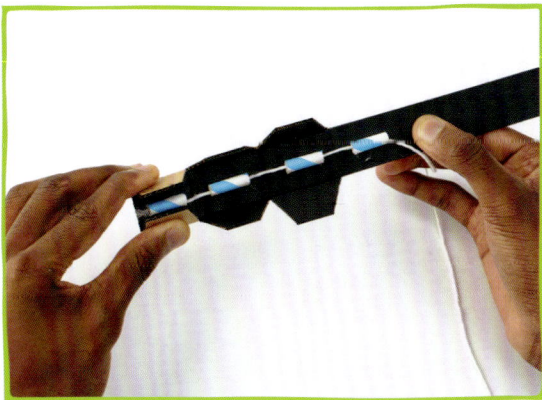

用美纹纸胶带可以方便稍后上色。

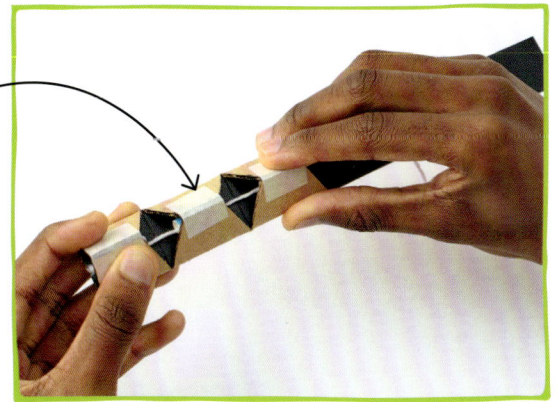

5 检查手指模板上折叠线的位置, 然后沿着折叠线折叠每根手指的粘贴条。

6 这些是指节。用一小块美纹纸胶带将每段指节的两个粘贴条固定在一起。

7 对照你的手，按顺序排列这些手指：食指、中指、无名指、小指。

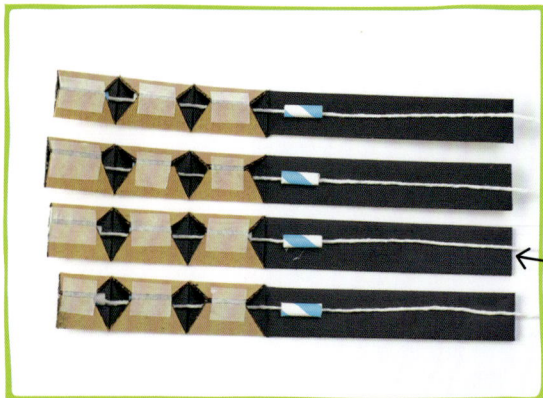

你的惯用手是右手，还是左手？使这些手指的排列顺序与你的惯用手相同！

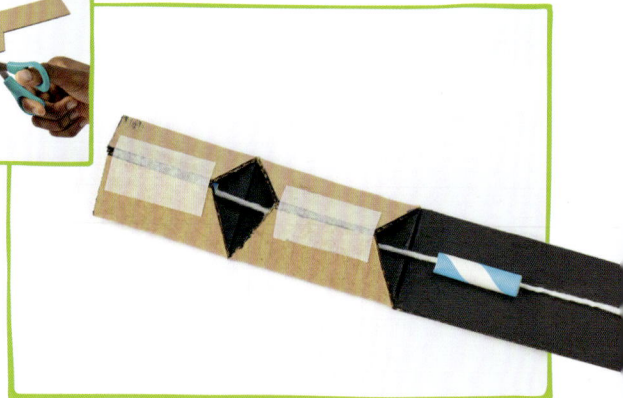

8 重复步骤1—6，但这次制作拇指，并剪3截2.5厘米长的吸管。

通过网格法，你可以复制和放大一个形状，同时保持它的比例不变。

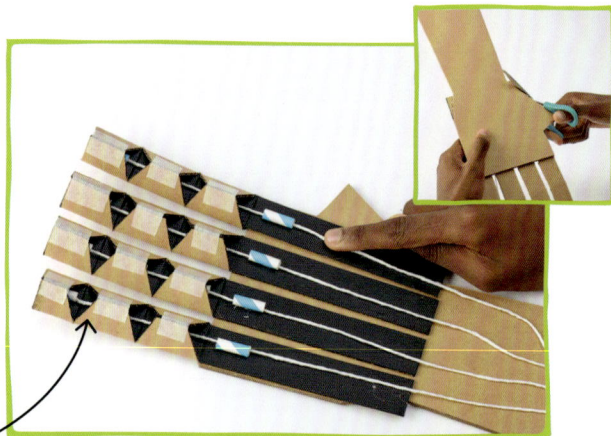

9 再次用网格法，将主体的形状复制到硬纸板上，将它剪下来，然后再复制一片主体，最后将它们用胶水粘在一起。

按顺序将手指安在主体上。

10 用胶水把4根手指粘贴到主体上。手指到手腕之间逐渐变细，剪掉突出的部分。

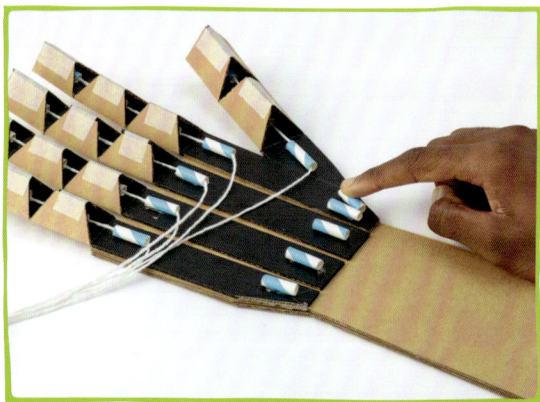

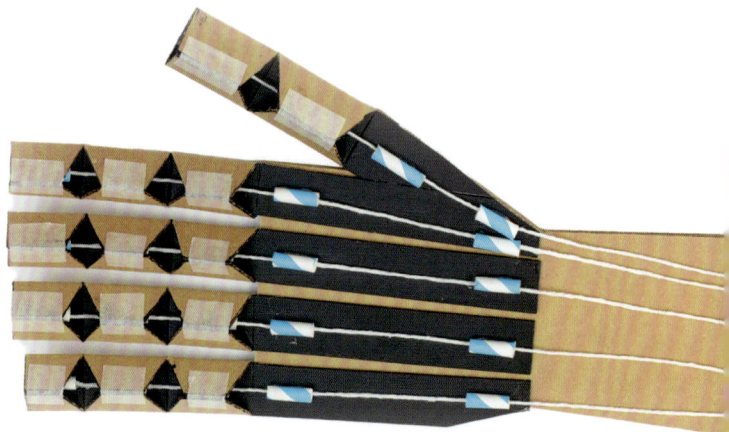

11 用胶水将拇指固定到适当的位置，然后剪5段2厘米长的吸管，将它们分别用胶水粘到手指靠近手腕的一端。

12 待胶水凝固后，将绳子没被固定的一端穿过这些刚粘好的吸管。轻轻地将绳子拉直。

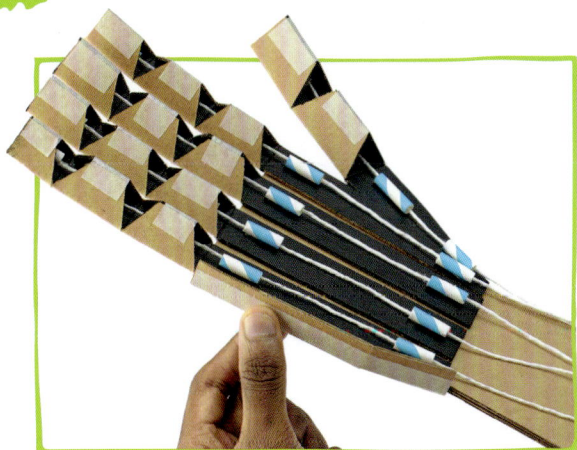

13 剪两张14厘米×1厘米的硬纸板，将一张硬纸板用胶带粘贴在主体的手掌边缘，然后剪掉多余的部分。

国际空间站的主机械臂可以伸展到17.6米的长度。

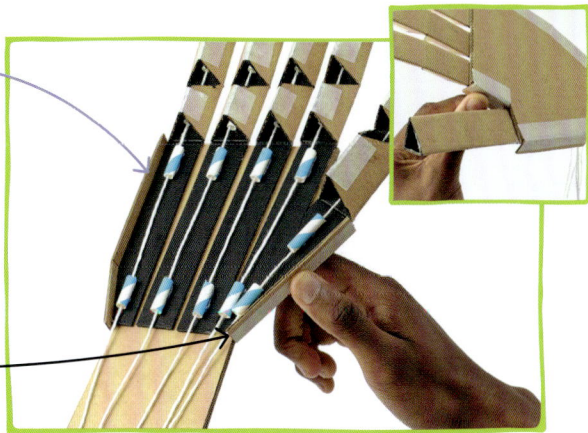

保留从这部分剪下来的硬纸板，用于食指和拇指之间。

14 将另一张硬纸板用胶带粘贴到手掌的另一侧，将多余的部分剪下来，然后用胶带将多余的这部分粘在拇指和食指之间靠近手掌的侧边。

用另一片手掌覆盖绳子和吸管，以保护它们。

每个绳环要足够大，能套在你的手指上。

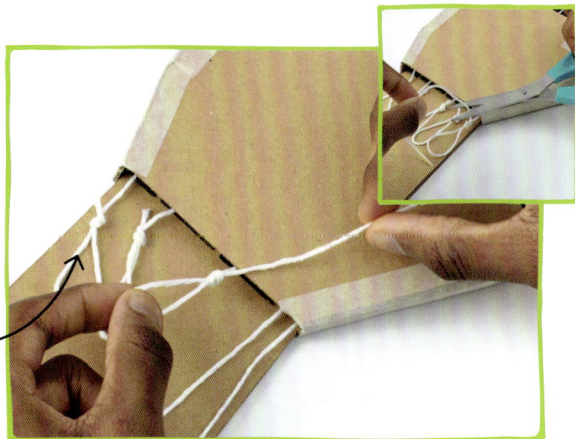

15 再次用网格法画一片手掌，然后将它覆盖在绳子和吸管上，用美纹纸胶带将它贴到步骤13—14中的3张硬纸板上。

16 在手腕上距离手掌约2厘米处，将每根绳子扎成一个环。剪掉多余的绳子。

17 用网格法画5个掌指关节A，将它们剪下来，然后用胶水将它们分别粘贴到主体的背面，如图所示。

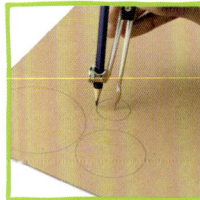

按大小顺序将圆粘成一叠。

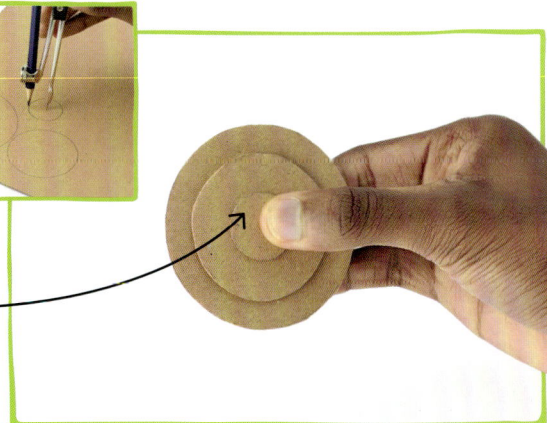

18 在硬纸板上剪3个圆，它们的半径分别为：3.5厘米、2.5厘米、1厘米。用胶水将它们粘成一叠，然后晾干。

19 用胶水将这叠圆粘在手背上。剪一张8厘米×3厘米的长方形硬纸板，用胶水将它粘在手腕上作为护腕，然后晾干。

各面均为矩形的平行六面体是长方体（我们的长方体是空心的，有两面没有闭合）。

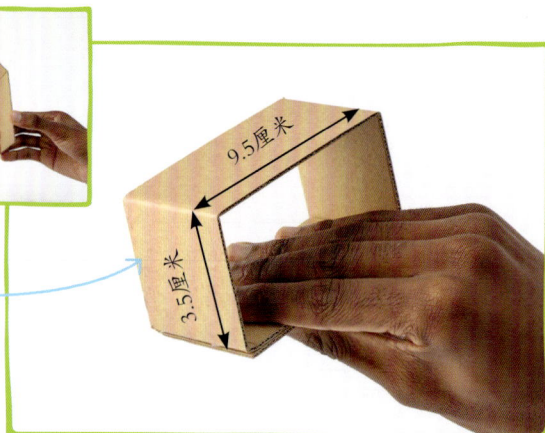

9.5厘米

3.5厘米

20 剪两张硬纸板：一张的尺寸为32.5厘米×4厘米，另一张的尺寸为39.5厘米×5厘米。将较大的硬纸板折叠成长9.5厘米、宽5.5厘米的长方体，然后用胶水固定。

先将前臂B用胶水粘贴到前臂A的中间。

你的手将穿过这两个长方体。

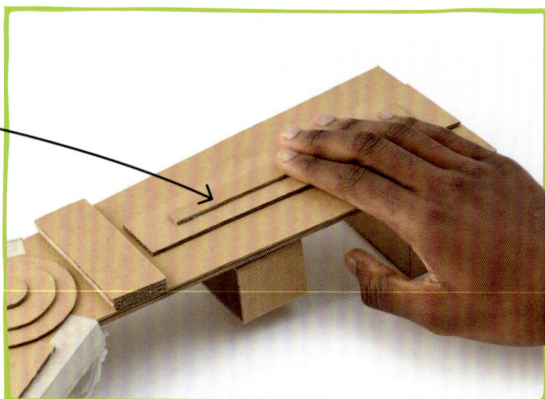

21 将较小的硬纸板折叠成长8.5厘米、宽3.5厘米的空心长方体。用胶水将两个长方体固定在主体朝内的**侧面**。

22 按照模板制作前臂A和前臂B。用胶水将前臂B粘贴到前臂A上，然后将它们一起粘到主体朝外的侧面。

23 将手指、手掌和主体的表面涂成白色，晾干后，如果需要就再涂一层白色颜料。

在手背上手指弯曲的地方涂黑色颜料。

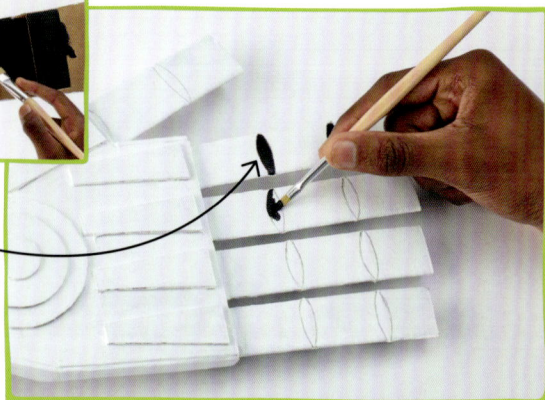

24 将主体的内部涂成黑色，包括两个硬纸板围成的长方体和手背上的指关节，然后让它们全部晾干。

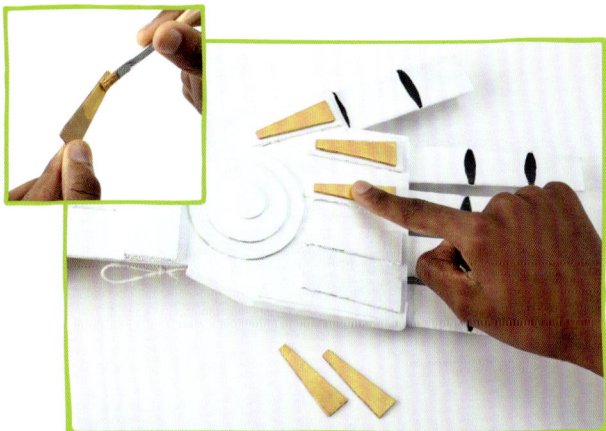

25 剪5片掌指关节B，将它们涂成黄色。晾干后，用胶水将它们分别粘贴到5个掌指关节A上，如图所示。然后晾干。

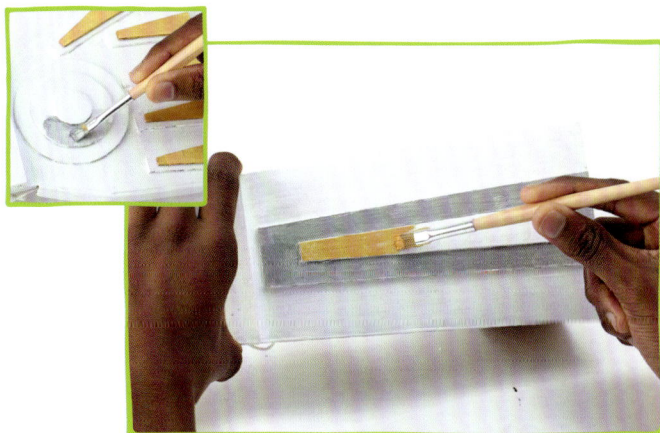

26 在手背中间的圆环和前臂A上涂银色颜料。晾干后，在手背顶部的圆和前臂B上涂黄色颜料，然后晾干。

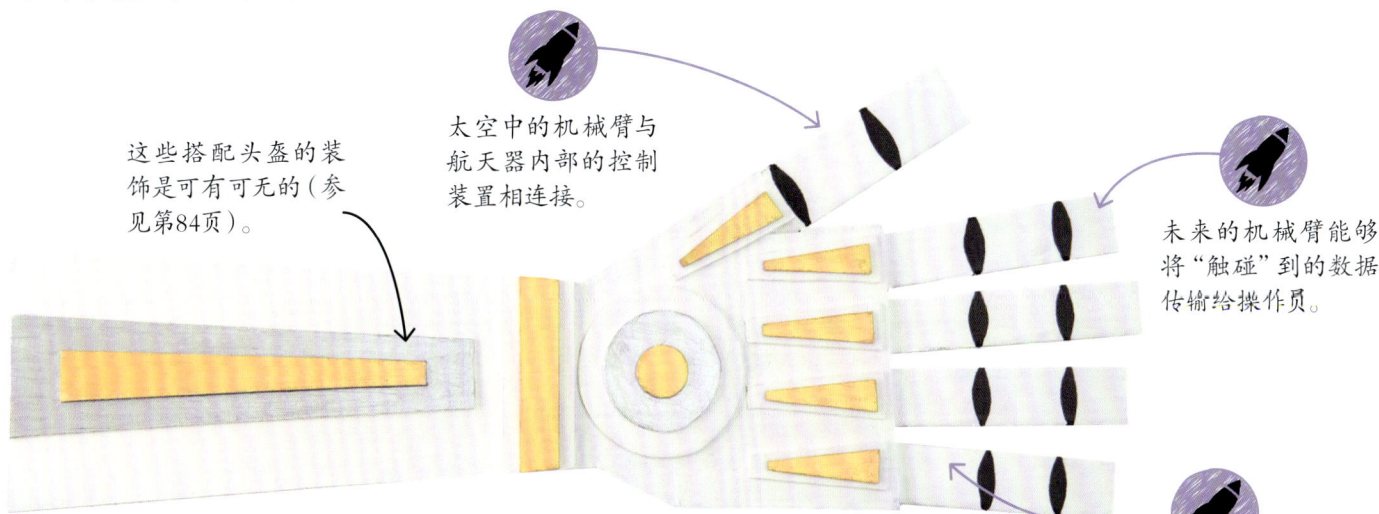

这些搭配头盔的装饰是可有可无的（参见第84页）。

太空中的机械臂与航天器内部的控制装置相连接。

未来的机械臂能够将"触碰"到的数据传输给操作员。

27 剪一片1.5厘米×8厘米的长方形硬纸板，将它涂成黄色。晾干后，用胶水将它粘到护腕上，等胶水凝固。

28 现在让机械臂的手指动起来。将你的手穿过手臂上的两个空心长方体，手指套进绳环中。动动手指，机械臂的手指也会做出同样的动作。

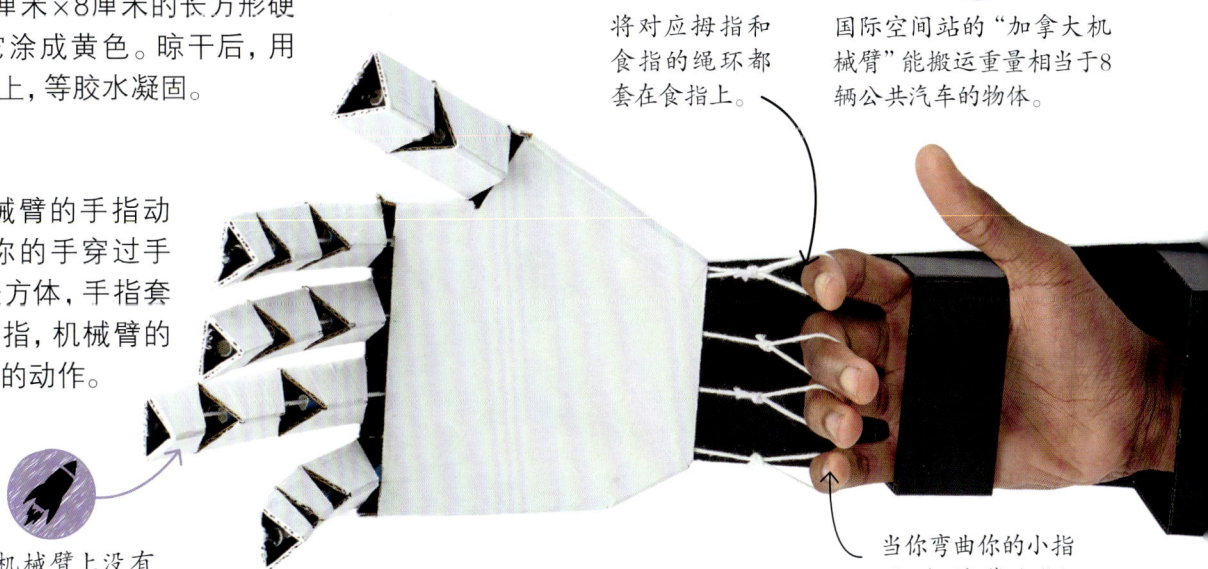

将对应拇指和食指的绳环都套在食指上。

国际空间站的"加拿大机械臂"能搬运重量相当于8辆公共汽车的物体。

有些机械臂上没有手指，手指的部位安装着执行各种任务的特殊工具。

当你弯曲你的小指时，机械臂的"小指"也会弯曲。

着陆器

　　我们对太阳系的了解大部分来自在其他星球表面着陆的探测器和漫游机器人。那么，让着陆器安全地降落在"另一个世界"的最佳方法是什么呢？你如何让它保持直立，不会因着陆的冲击力而损坏？你可以制作不同的着陆器，然后进行实验，看看哪一个效果最好。

在着陆器内放置一只乒乓球（而不是航天员）来测试冲击力。

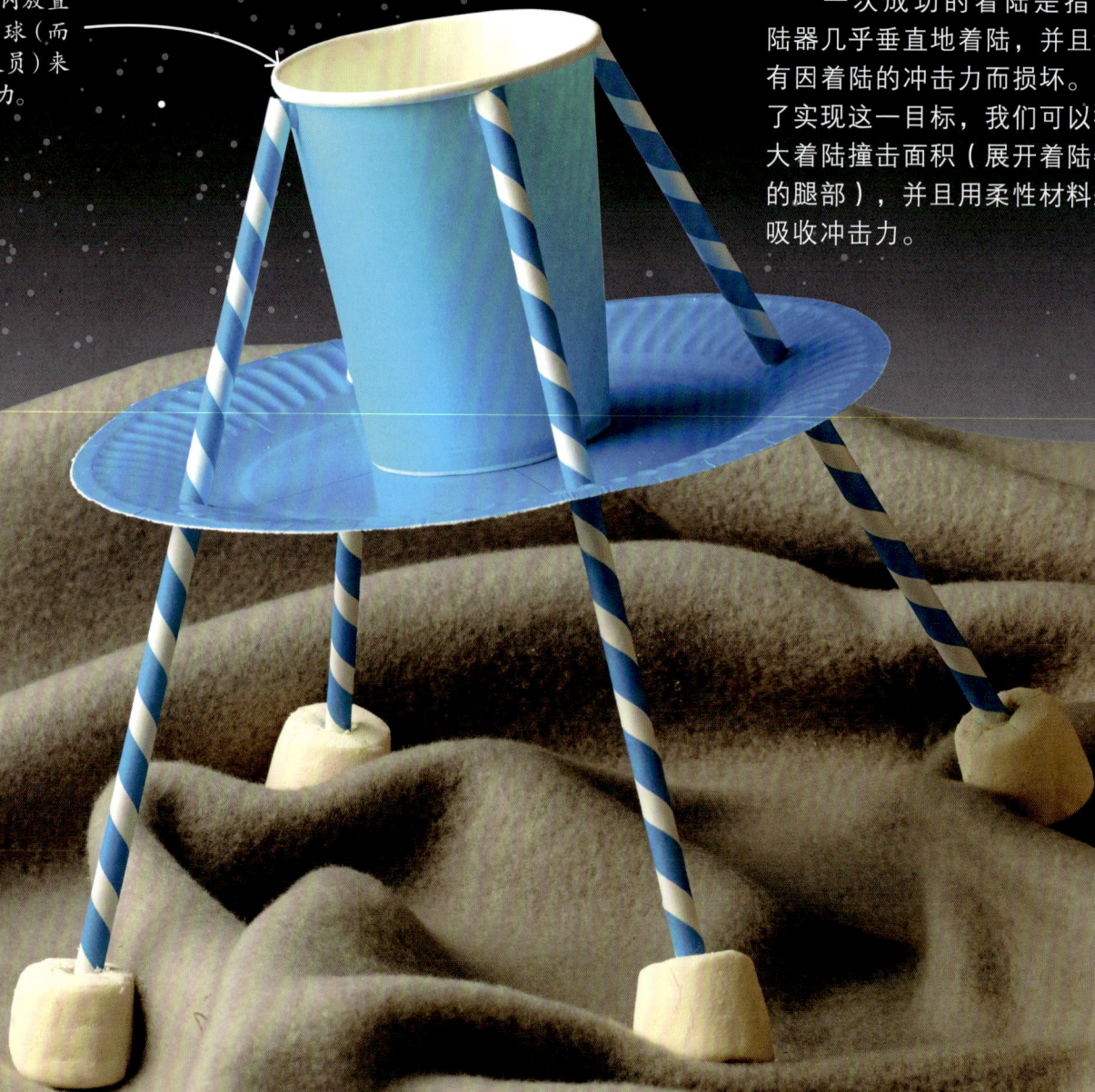

成功着陆

　　一次成功的着陆是指着陆器几乎垂直地着陆，并且没有因着陆的冲击力而损坏。为了实现这一目标，我们可以扩大着陆撞击面积（展开着陆器的腿部），并且用柔性材料来吸收冲击力。

着陆时速度的突然变化会产生冲击力，可能会损坏航天器。

将毯子弄皱，模拟月球不平坦的地形，作为对着陆器稳定性的额外测试。

通过实验来比较不同的"腿"的稳定性。

如何制作
着陆器

我们用不同颜色的材料制作不同的着陆器，你用手头的材料即可，无论什么颜色的都可以。这个实验的关键是测试不同腿部的稳定性，以及不同类型的减震器对着陆冲击力的承受能力。

时间	难易程度
90分钟	容易

所需材料与工具

乒乓球

直尺

铅笔

3个双脚书钉

硬纸板

画笔

白色卡纸

剪刀

量角器

彩色纸杯

彩色纸盘

橡皮泥

超长直尺

4块棉花糖

4根纸质吸管

白乳胶

美纹纸胶带

笔记本

3根橡皮筋

锡罐

制作黄色着陆器

1 测量纸盘的直径，找到中点。安全起见，你可以在纸盘下面垫一块橡皮泥，用铅笔在纸盘的中心扎一个小孔。

2 接下来，测量纸杯的底部，找到杯底的中心。用铅笔在纸杯底部的中心扎一个小孔。

3 将双脚书钉的尖端从纸杯内插入纸杯底部的小孔中。

4 将纸盘中心的小孔套进双脚书钉,然后展开双脚书钉,朝不同的方向将钉脚在纸盘上压平,然后用胶带包住钉脚。

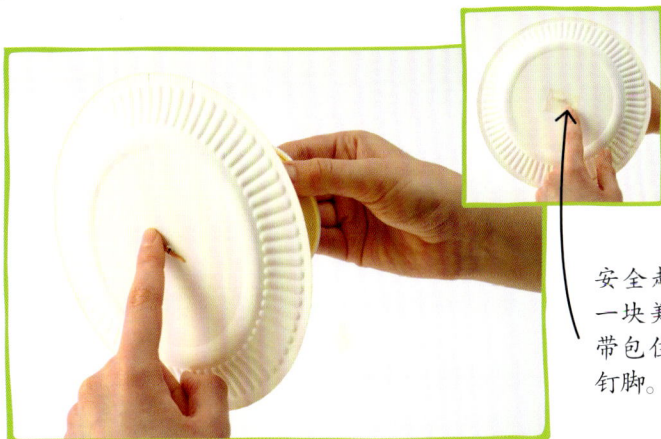

安全起见,用一块美纹纸胶带包住尖锐的钉脚。

5 现在制作着陆器的"腿"。在一张白色卡纸画4个8厘米×13.5厘米的长方形,将它们剪下来。

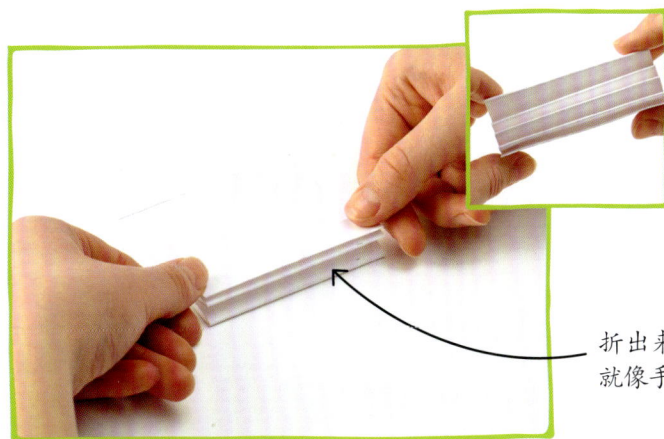

6 沿着"腿"的一条短边,每隔大约1.5厘米折叠一次,每次折叠都与前一次的方向相反。对所有的"腿"重复上述步骤。

折出来的形状就像手风琴。

7 在每条"腿"的末端涂胶水,然后将它们分别粘到纸盘背面的边缘,4条腿之间间隔均匀。

8 将另一个纸盘朝下扣在工作台上,将其中一条腿的另一端用胶水粘贴到这个纸盘的边缘。

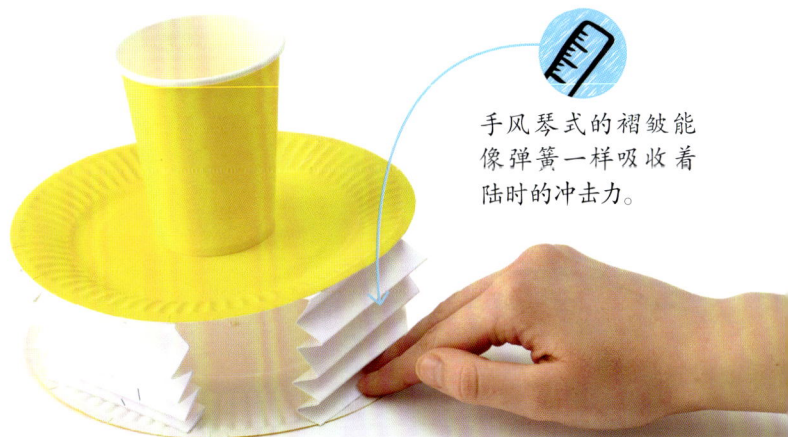

手风琴式的褶皱能像弹簧一样吸收着陆时的冲击力。

9 对其他3条腿重复这一步骤,使它们分布均匀。

制作蓝色着陆器

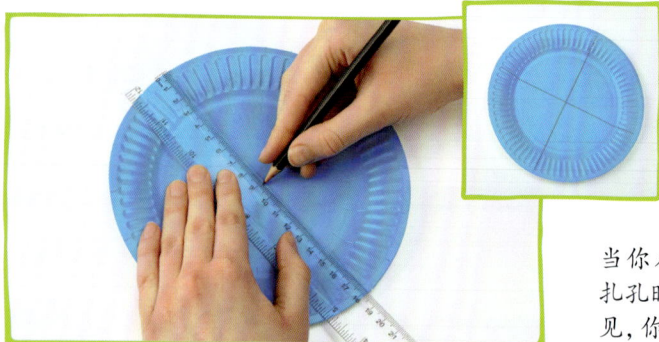

1 在纸盘上画一条通过中心的直线，然后用量角器测量角度，画一条与第一条直线成90°角的直线。

2 用铅笔在纸盘边缘的每条直线上分别扎一个孔（如图所示）。在纸盘中心，也就是两条直线的交点，也扎一个孔。

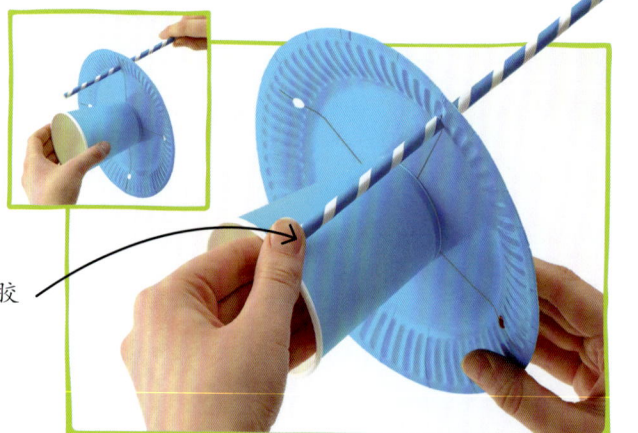

当你在纸盘上扎孔时，安全起见，你可以将一块橡皮泥垫在纸盘下面。

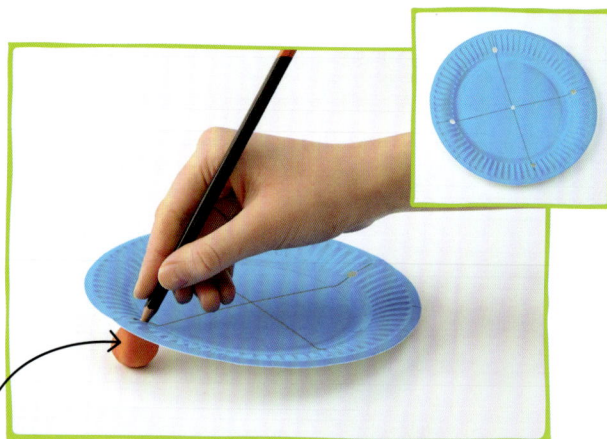

3 在纸杯底部的中心扎一个孔。将双脚书钉从纸杯内部穿过这个孔，再穿过纸盘中心的孔。展开双脚书钉，然后用胶带覆盖尖锐的钉脚。

握住直至胶水凝固。

4 将4根吸管分别穿过纸盘边缘的孔，然后用胶水把每根吸管的一端粘在纸杯顶部贴近边缘的地方，如图所示。

5 在每根吸管的末端轻轻地插入一块棉花糖，着陆器的"腿"就装好了。

6 根据需要调整每条"腿"上的棉花糖，使着陆器保持水平。棉花糖有助于着陆器保持稳定。

海绵质地的棉花糖有助于吸收冲击力。

制作红色着陆器

1 剪一张23厘米×12厘米的长方形硬纸板，将它分成4个相等的长方形，每个长方形宽3厘米，剪下来。

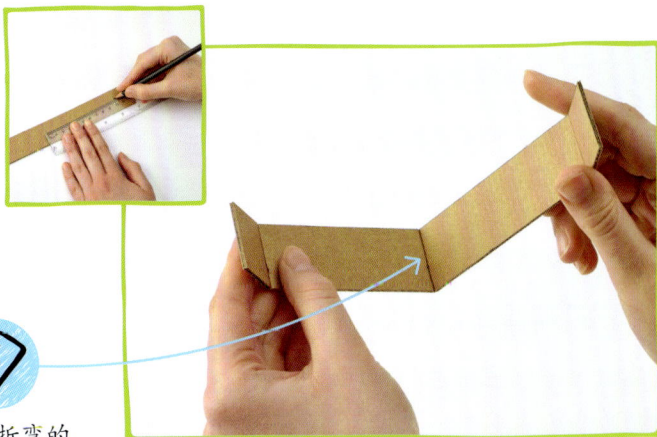

这些被折弯的腿在受到冲击时能起减震器的作用。

2 沿着每个长方形的长边，分别在2.5厘米、10.5厘米、20.5厘米处做标记，并分别在标记处画与长边垂直的线，然后沿着这些直线折弯硬纸板。

3 在纸盘的底面，画两条通过中心垂直相交的直线（用量角器画90°角）。用双脚书钉将纸杯和纸盘固定在一起，然后用胶带覆盖尖锐的钉脚。

使较短的那截卡纸更靠近纸盘。

4 将每条硬纸板的末端（宽为2.5厘米的一截）分别用胶水粘贴在纸盘底面边缘的铅笔线上，握住直到胶水凝固。

5 小心地将1根橡皮筋同时套在4个长方形上，然后将橡皮筋推向中部，移动到10.5厘米的折叠线处。

6 再次弯折长方形硬纸板末端的折痕，然后将着陆器水平放置，压在末端2.5厘米长的硬纸板上。

着陆器的重量被分散到了多条腿上，以备在崎岖不平的表面上着陆。

做实验

高度＼名称	黄色着陆器	蓝色着陆器	红色着陆器
30 厘米			
40 厘米			
50 厘米			
60 厘米			

1 用表格记录实验结果。

着陆器有很多种类，例如精密的智能漫游机器人，以及运载航天员的月球着陆器。

2 将一个代表航天员的乒乓球放入你想先测试的着陆器的纸杯中。

乒乓球会待在着陆器的纸杯里吗？还是会因撞击而被弹出？

减震器可以减少冲击力对着陆器精密部件（例如电子设备）的影响。

用标有刻度的直尺，确保每个着陆器落下的高度相同。

哪种着陆器拥有最好的减震器？

着陆器落地时能够保持水平吗？它会翻倒吗？

3 用两根橡皮筋将超长直尺固定在锡罐的侧面，然后站在超长直尺旁边。依次按照表格上所列的不同高度让着陆器落下，记录你的观察结果。

1.进入舱（内含着陆器）进入火星的大气层后会遇到阻力。

2.降落伞打开，进一步减缓进入舱的速度。

3.着陆器从进入舱内被弹出，被缆绳悬挂在进入舱下方。

4.当进入舱接近地面时，其中的火箭点火，以减缓着陆器的速度，而着陆器的周围的安全气囊开始膨胀。

5.着陆前，缆绳释放着陆器，被安全气囊包裹的着陆器会在地面上弹跳。

6.在着陆器停止弹跳后，安全气囊会依次放气，使着陆器最终直立，然后释放漫游机器人。

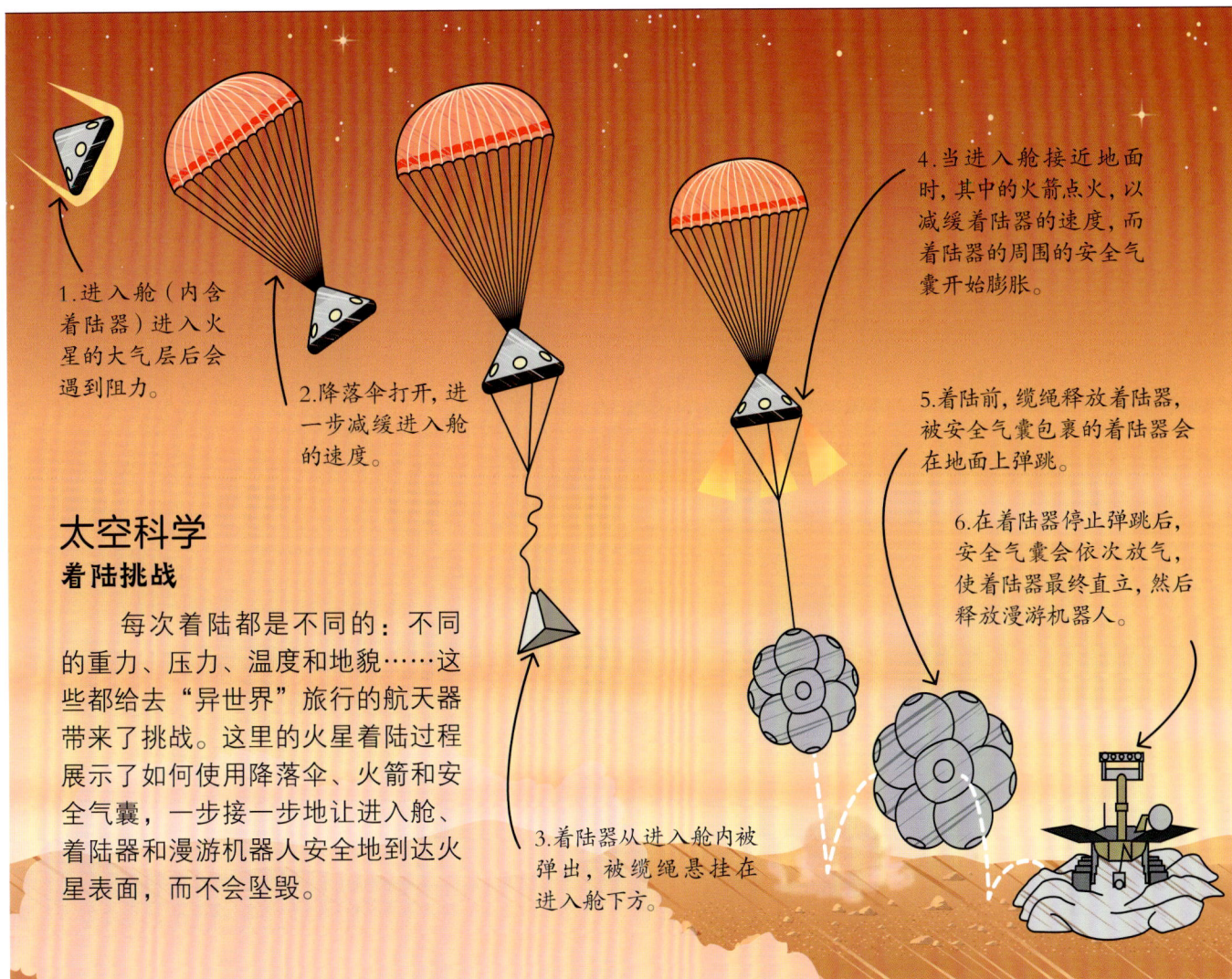

太空科学
着陆挑战

　　每次着陆都是不同的：不同的重力、压力、温度和地貌……这些都给去"异世界"旅行的航天器带来了挑战。这里的火星着陆过程展示了如何使用降落伞、火箭和安全气囊，一步接一步地让进入舱、着陆器和漫游机器人安全地到达火星表面，而不会坠毁。

实验变量

　　当你测试了各种着陆器的设计，观察到了它们着陆时的状况和减震器的工作效果时，你还可以添加更多变量，例如：

· 用较重的球代替乒乓球；

· 让着陆器从不平坦的表面上空落下，看看它们着陆后能否保持直立；

· 做3条或5条腿，看看这对着陆器的稳定性有何影响。

　　不要忘记在笔记本上记录每次添加变量后的观察结果。

寻找星星

你想读懂夜空吗？无论自己身处何方，你都知道如何观察月相、如何寻找星星、如何识别星座吗？本章的目的是培养你的天文学技能。如果你遵循本章有关准备和计划的提示，你就会知道如何观测恒星、空间站、行星、流星雨，以及彗星！这将帮助你揭开宇宙的神秘面纱！

观星

你想读懂夜空吗？当你准备去探索宇宙的秘密时，请先学习一下本章的内容。遵循下列简明的步骤，做好准备，利用简单实用的设备，你将能够安全舒适地进行观星活动，充分利用你的观星时间。

观察星星

在漆黑的夜晚，当你的眼睛适应了黑暗时，你可能会看见大约3000颗星星。如果你有单筒望远镜或双筒望远镜，你还能看见更多细节。

做好准备
观星

唯一必需的是保暖的衣物，这是因为你将在气温较低的夜晚站着或坐着不动一段时间。可选的装备包括：防水布，如果地面潮湿，可把防水布当作坐垫，使设备保持干燥；望远镜；手电筒，最好是红光手电筒；笔、笔记本、钟或手表，用于记录目击事件的时间；指南针、天文学书、星图或寻星的应用程序，帮助你在夜空中导航。

所需物品

保暖的衣物

防水布
（可选）

双筒望远镜
（可选）

笔
（可选）

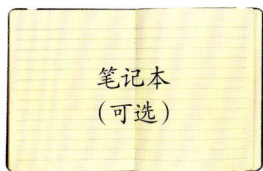

钟或手表
（可选）

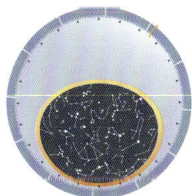

笔记本
（可选）

手电筒
（最好是红光的）

星图或天文学书
（可选）

指南针
（可选）

带有寻星应用程序的
智能手机或平板电脑
（可选）

确保安全

千万不要单独去观星，一定要与成年人同行。如果你开始感觉冷，就回室内暖和一下，不要等到已经很冷了再回去。

制作红光手电筒

红光不会干扰你的夜视能力，因此观星时红光手电筒很有用。你可以按照以下方法制作一个红光手电筒：用透明的红色塑料薄膜覆盖手电筒的灯头，然后用橡皮筋捆住塑料薄膜。

成功秘诀

·光污染：尽量远离人造光。如果可以的话，找一个开阔的地方，以获得更清晰的视野。

·天气：查看天气，找一个晴朗的夜晚，这是因为云会挡住视线，使你看不见星星。不过，晴朗的夜晚可能会很冷，因此要穿得暖和些。

·月亮：避免在满月或接近满月的时候观星，这是因为那时月亮的光很亮。最好选择新月前后的夜晚。

·让眼睛适应夜空：去室外后，先让眼睛适应黑暗20分钟，这样你就可以更清楚地看见微弱的星光。等眼睛适应后，你会发现红光手电筒不会干扰你的夜视能力。

·望远镜：用单筒望远镜或双筒望远镜，使你能够看得更远、更清楚，并看到更多细节。稳定地手持望远镜，或将它放在稳定的表面上。

你能看到什么?

仰望星空

你在夜空中看见的大多数天体是恒星,也就是像太阳一样炽热的气体球,但它们距离我们比太阳远得多。它们在大小、亮度、颜色和距离上差异都很大,但天文学家经常想象它们坐落在一个包裹着地球的巨大"天球"上。

银河系

当你仰望天空时,你能看见的所有恒星都位于我们的家乡——银河系中(参见第60—61页)。从外面看,银河系就像一个扁平的螺旋,中央是凸起的恒星,但因为我们就位于螺旋内部,所以我们看见的银河系是一条环绕着天空的光带,并且越往中心越明亮。"银河系"就是以这条乳白色的光带而得名的。

星空的变化

地球在自转,同时也围绕着太阳公转。因此每个夜晚的星空都会发生变化,你看到的星星似乎在向西飘移,出现在夜空中的星座也会改变。根据你在地球上的位置,你可以用指南针、星图、应用程序帮助你在夜空中找到星座或行星。

太空科学
天球

　　为了绘制天空中众多恒星、星系和其他天体的"地图"，天文学家想象它们都镶嵌在一个巨大的空心旋转球面上，而地球位于空心球的球心。想象一下，这颗"天球"正以地球南北两极上方的"天极"为轴进行自转。天文学家将天空分为88个独立区域，每个区域内都有一个由多颗恒星组成的星座。这些区域像拼图一样组合在一起，覆盖着整个天球（参见第148—149页）。

北天极

你在地球上的位置决定了你能见到天球的哪一部分。

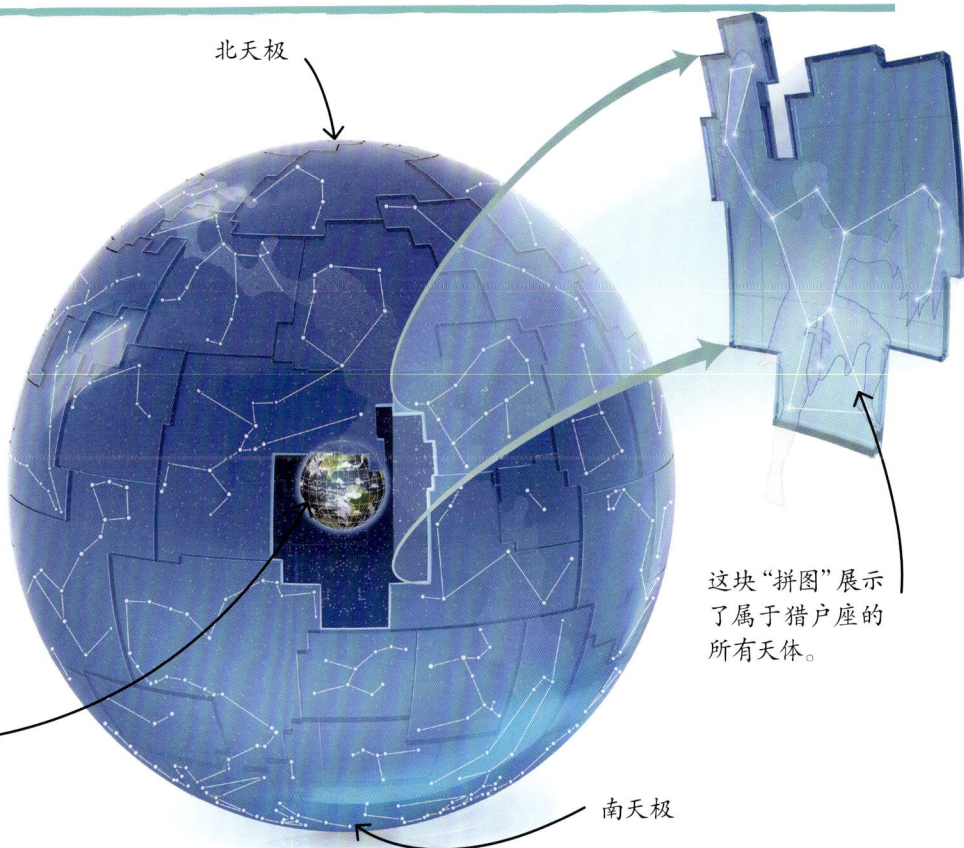

这块"拼图"展示了属于猎户座的所有天体。

南天极

星星的形状

星座

天文学家用星座，也就是天球上组合形成的假想图案（参见第147页），作为帮助他们寻找恒星和其他天体的一种方法。如果你知道星座的形状，并分辨出了其中的标志性恒星，例如一旦找到猎户座中状如腰带的3颗恒星，你就可以找到这个星座中的其他恒星。这个方法也可以帮助人们在夜间导航。

夜空中的猎户座

猎户座是天空中最著名的星座之一，它位于天赤道（两个天极的中间），因此不管位于地球的北半球还是南半球，你都能看见它。

参宿四位于猎户座的右肩，它的直径比太阳大数百倍。

猎户座"腰带"上的3颗恒星（从东到西）分别是参宿一、参宿二和参宿三。参宿二距离地球比参宿一和参宿三远得多。

参宿七位于猎户座的"左脚跟"，它是这个星座中最亮的恒星，它发出的光有太阳的数万倍。

绘制夜空的"地图"

正如猎户座的例子所示，古代的观星者将夜空中的图案想象成了生物、物体或神。后来的天文学家将这些想象发展成了如今的天球。

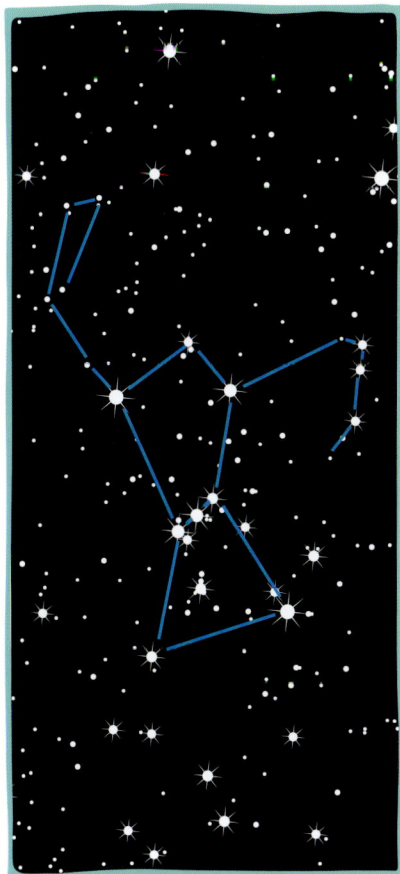

1 很久以前，人们将明亮的星星连起来，并根据它们的形状，用人或物来给它们命名。

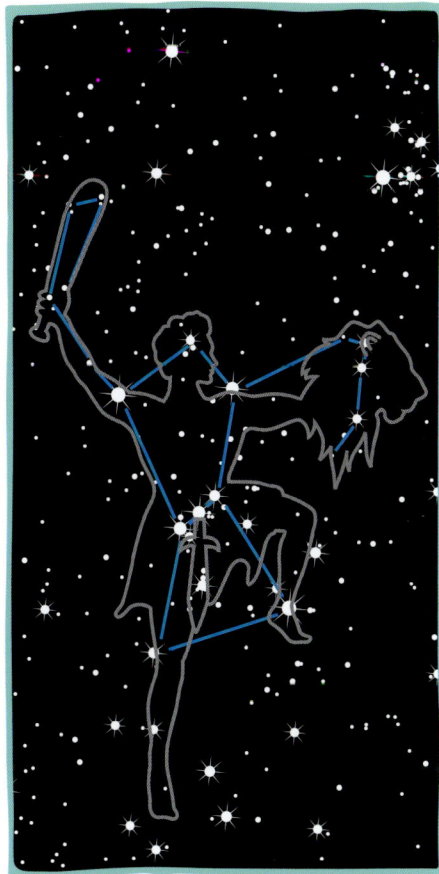

2 人们将较大的图案称为"星座"，并且给每个星座单独命名；称较小的图案为"星群"，也给其中一些星群命名。

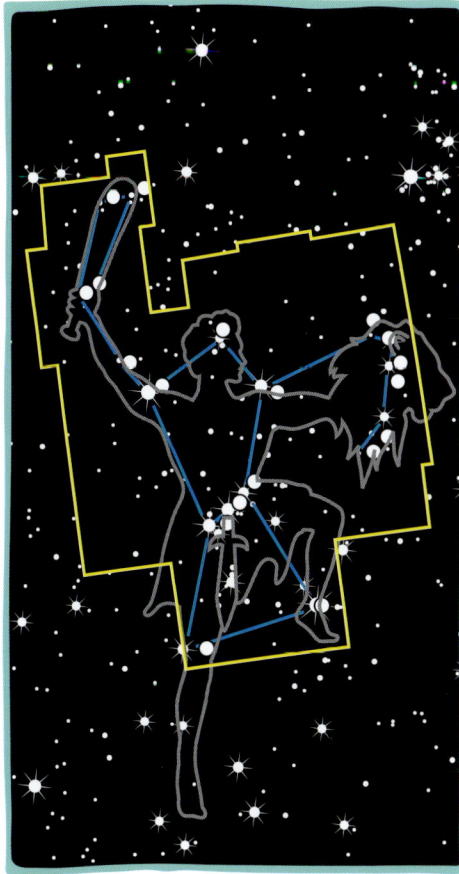

3 1928年，星座被重新定义。一个星座不仅包括恒星，还包括其周围区域中所有的天体。

太空科学
恒星的距离

当我们观察猎户座的恒星时，尽管它们看似都坐落在天球上，但实际上它们与地球之间的距离非常不同。

猎户座的恒星距离地球多远？
- 🔴 参宿四：约500光年
- 🟢 参宿五：约250光年
- 🟡 参宿七：约860光年
- ⚫ 参宿一：约1250光年
- 🟠 参宿三：约1200光年

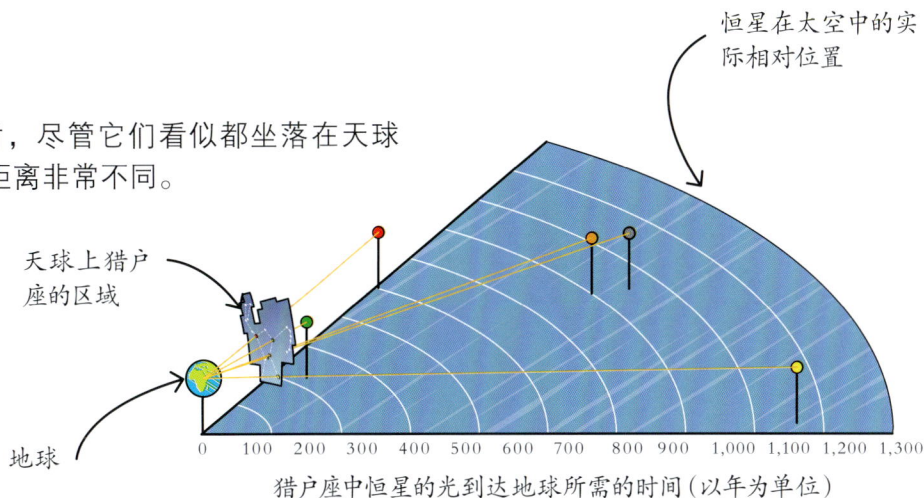

恒星在太空中的实际相对位置

天球上猎户座的区域

地球

猎户座中恒星的光到达地球所需的时间（以年为单位）

0 100 200 300 400 500 600 700 800 900 1,000 1,100 1,200 1,300

睁大眼睛

天上还有什么？

虽然遥远的星星日复一日、年复一年地悬挂在夜空中，看上去没有变化，但是许多地球附近的天体以不同的速度在天空中移动，其中包括国际空间站（参见第110—119页）、行星、流星，以及彗星。当你外出寻星时，你也会找到它们。

彗星

彗星是由冰和尘埃构成的巨大球体。当它们接近太阳时，它们表面的冰出现升华现象，释放出一条气体和尘埃的痕迹，看起来就像发光的尾巴。大多数明亮的彗星需要几个世纪甚至更长的时间才能围绕太阳运行一圈，但是天文学家擅长发现它们。你可以密切关注报纸、天文学网站或应用程序，了解明亮的新彗星何时接近地球，以及如何才能看见它们。

流星

在大多数夜晚，你都可以看见流星。当太空中微小岩石和尘埃粒子高速落入地球大气层时，它们会在燃烧过程中升温并成为流星。在某些时候，当地球穿过彗星留下的尘埃时，流星会像"阵雨"一样落下，看上去似乎来自某个星座。下图列出了不同流星雨出现的高峰期。

流星雨		
名称	高峰期	来源星座
象限仪流星雨	1月3日-1月4日	牧夫座
天琴座流星雨	4月22日-4月23日	天琴座
宝瓶座η流星雨	5月6日	宝瓶座
宝瓶座δ流星雨	7月30日	宝瓶座
英仙座流星雨	8月12日-8月13日	英仙座
猎户座流星雨	10月21日-10月22日	猎户座
狮子座流星雨	10月17日-10月18日	狮子座
双子座流星雨	12月14日-12月15日	双子座

行星

夜晚，你用肉眼就能看见行星。与恒星不同，行星不闪烁，这是因为它们距离地球更近，所以它们的亮度很稳定。有些行星比其他的行星更容易被看见，例如金星是夜空中仅次于月球的最亮的天体，其次是火星，它看起来有点红（右图是月食期间月球附近的火星）。日落之前或日出之后是观赏某些行星（例如金星和水星）的好时机。如果你想观察太阳系中最远的两颗行星——天王星和海王星，还需要准备一台望远镜。

月球上的风景
月球地貌

月球是我们在太空中最近的邻居，即使用肉眼也能看出它的大致地貌，例如月球表面有明有暗的区域。除了满月，你可以在其他任何时候观察它，因为在这些时期，侧向光投射出的阴影有助于你看清细节。

绘制月球地图

你可以看见月球上被称为"月海"的深色区域、被称为"月陆"的浅色环形山区域。如果你有单筒望远镜或双筒望远镜，你还可以看见陨石坑和山脉的细节。

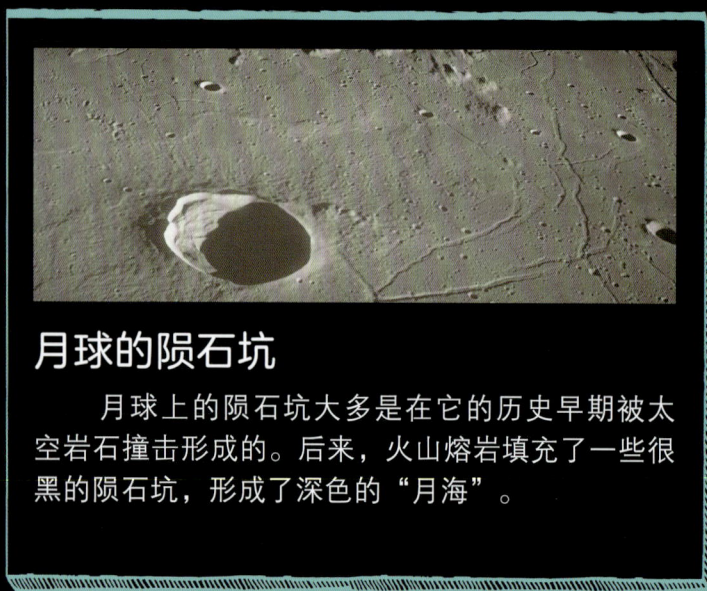

月球的陨石坑

月球上的陨石坑大多是在它的历史早期被太空岩石撞击形成的。后来，火山熔岩填充了一些很黑的陨石坑，形成了深色的"月海"。

月球上的高地是月球最初的古代地壳。

月球9号着陆点，是1966年苏联探测器首次受控着陆的地点。

太空科学
什么是月食？

满月时，月球完全被太阳的光线照亮。然而有时候，太阳、地球和月球排成一行，月球会被笼罩在地球的阴影中，形成月食。满月变暗几个小时，有时甚至会变成红色。

地球遮挡了太阳光线，使光线无法到达月球。

月球在地球的阴影中。

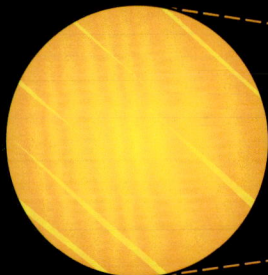

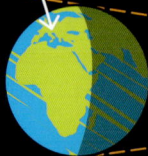

太阳　　　　　　　　　地球　　　　月球

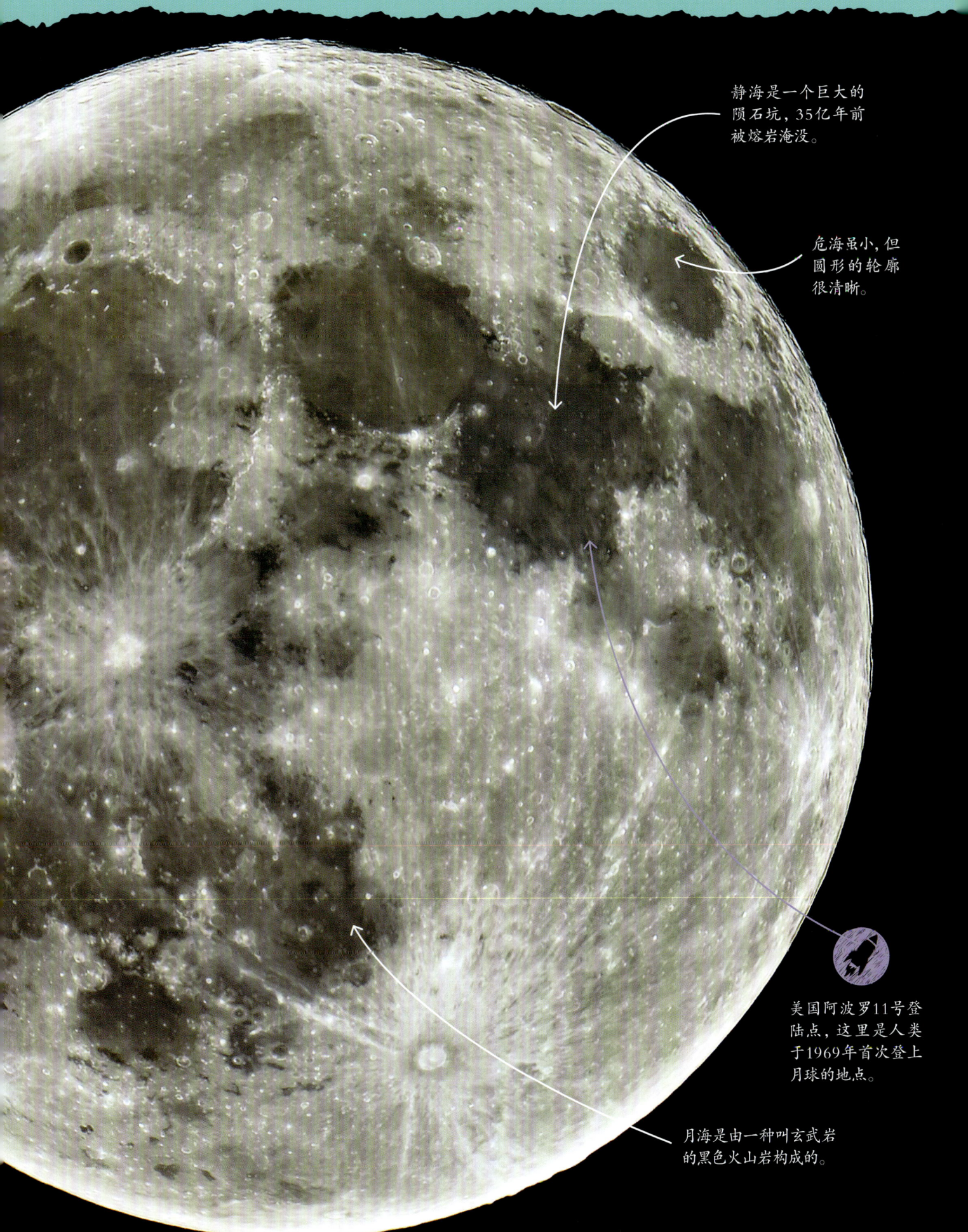

静海是一个巨大的陨石坑，35亿年前被熔岩淹没。

危海虽小，但圆形的轮廓很清晰。

美国阿波罗11号登陆点，这里是人类于1969年首次登上月球的地点。

月海是由一种叫玄武岩的黑色火山岩构成的。

北半球的夜空
北天球

天文学家将天球分为两个半球，每个半球的中心都有一个天极。天极是每个半球中的固定点，不随地球的自转而移动。位于地球赤道以北的观星者可以同时看见北半球天空中的所有星星和南半球的许多星星（参见第156—157页）。

北半球的天空

北天球的大多数星座是由古代中东和古希腊的天文学家命名的。

寻找北天极

要找到北天极，你可以按照以下步骤找到一颗被称为"北极星"的明亮恒星，它几乎就在北天极。

1 用指南针找到正北。北天极位于地球北极的上方，北极星也始终位于天空的正北。

2 找到形状像"平底锅"的北斗七星，特别注意它东侧的两颗星星，并且在这两颗星星之间画一条假想的直线。

3 将这条假想的直线向北延伸5倍，沿着这条直线，你会看见一颗明亮的星星，它就是北极星。

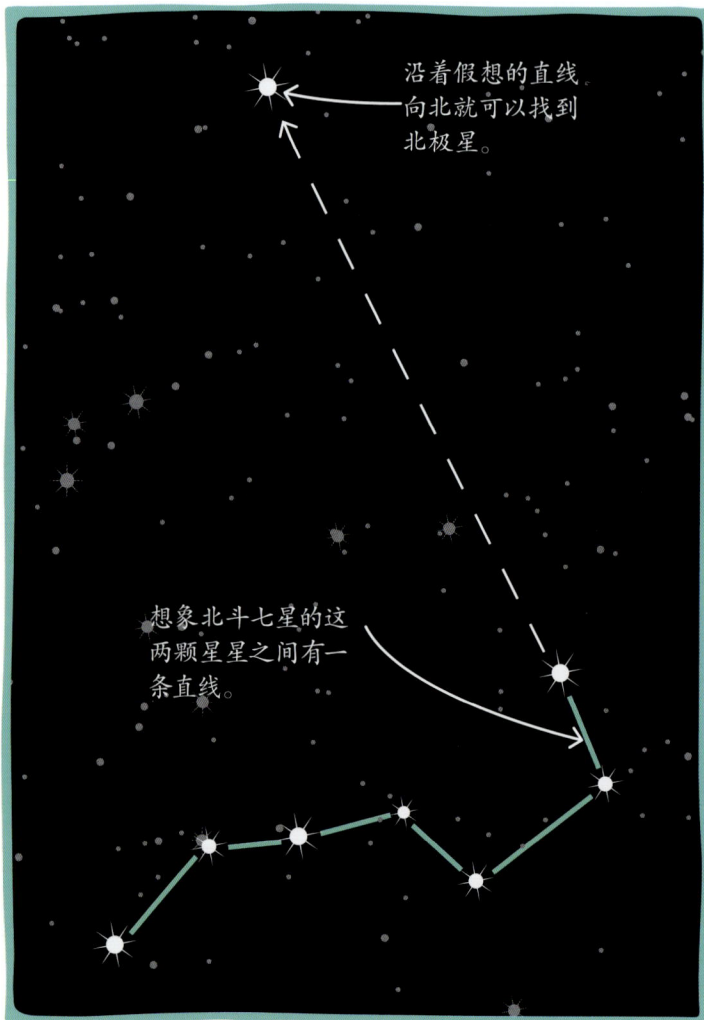

沿着假想的直线向北就可以找到北极星。

想象北斗七星的这两颗星星之间有一条直线。

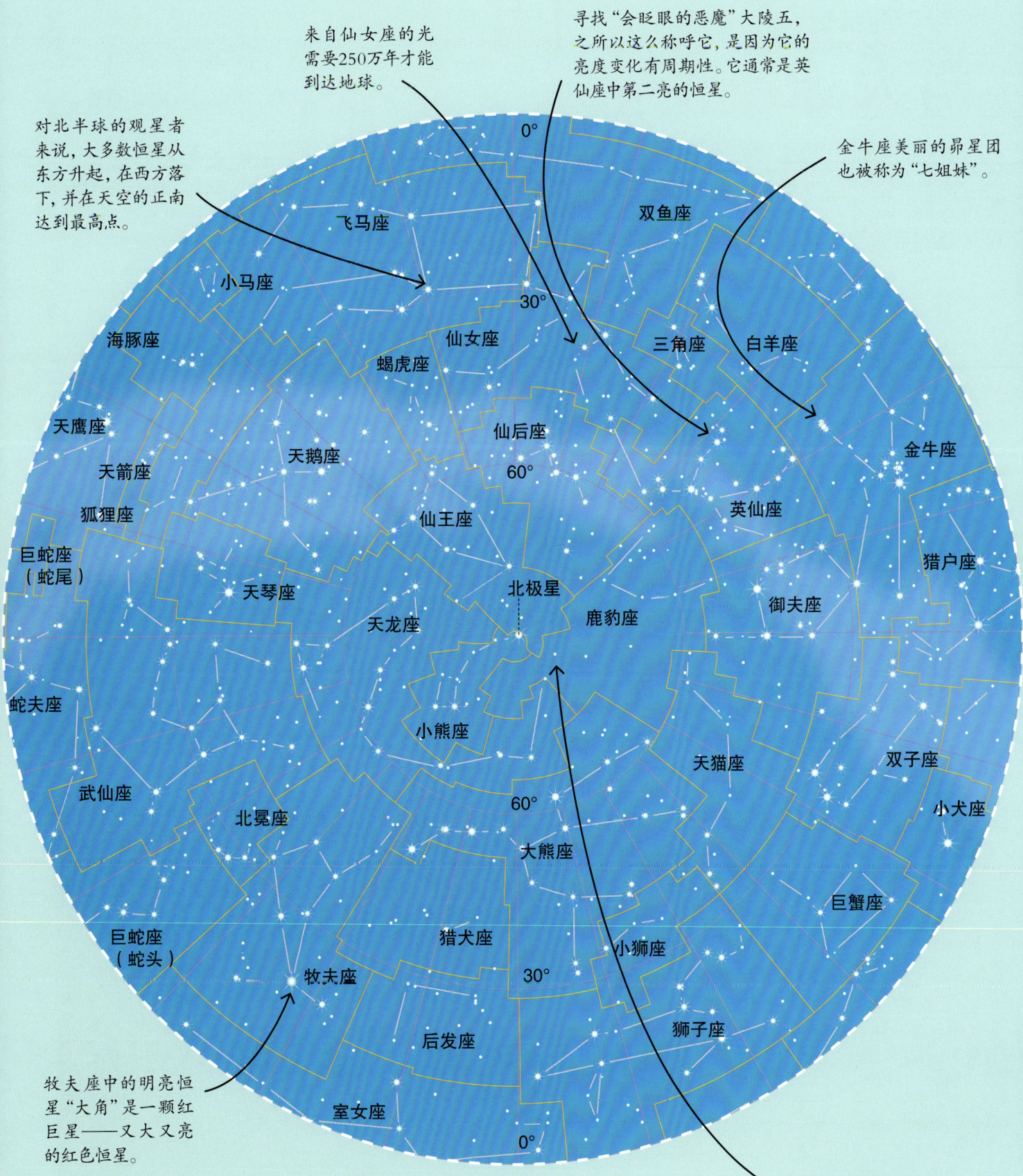

来自仙女座的光需要250万年才能到达地球。

寻找"会眨眼的恶魔"大陵五，之所以这么称呼它，是因为它的亮度变化有周期性。它通常是英仙座中第二亮的恒星。

对北半球的观星者来说，大多数恒星从东方升起，在西方落下，并在天空的正南达到最高点。

金牛座美丽的昴星团也被称为"七姐妹"。

牧夫座中的明亮恒星"大角"是一颗红巨星——又大又亮的红色恒星。

北天极附近的恒星不会东升西落，它们绕着北天极旋转而不会落下。

0°　30°　60°

飞马座　小马座　海豚座　天鹰座　天箭座　狐狸座　巨蛇座（蛇尾）　蛇夫座　武仙座　巨蛇座（蛇头）　牧夫座　室女座　后发座　猎犬座　北冕座　天琴座　天鹅座　蝎虎座　仙女座　仙后座　仙王座　天龙座　小熊座　北极星　大熊座　小狮座　狮子座　巨蟹座　小犬座　双子座　天猫座　鹿豹座　御夫座　英仙座　三角座　白羊座　双鱼座　金牛座　猎户座

南半球的夜空

南天球

天球的南半部围绕南天极旋转。南天球中并没有像北极星那样明亮的恒星来标记南天极的位置，但很多有趣的星座可供观察。位于地球赤道以南的观星者可以同时看到南半球天空中的所有星星和北半球的许多星星（参见第154—155页）。

南半球的天空

15世纪到18世纪的欧洲天文学家命名了许多南半球的星座，这些名称一直沿用到现在。

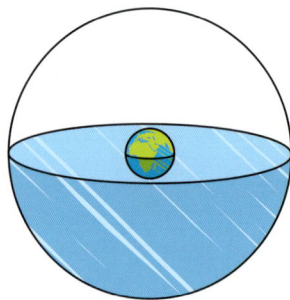

寻找南天极

没有恒星可以帮忙标记南天极的位置，但是你可以在比较亮的恒星之间画假想线，用这种办法找到南天极。

1 首先用指南针找到正南。南天极就位于地球南极的上方。

2 找到南十字座：4颗非常明亮的星星形成了一个"十"字形。想象有一条假想线从"十"字的长臂向南延伸。

3 从南十字座向东看，可以找到半人马座。其中，有两颗明亮的星星，被称为"南指极星"。想象它们之间有一条连线，再想象这条连线的中间还有一条线，它垂直于这条连线。

4 向南延长这条中垂线，直到它与从南十字座向南延伸的假想线相交。这两条直线的交点就是南天极。

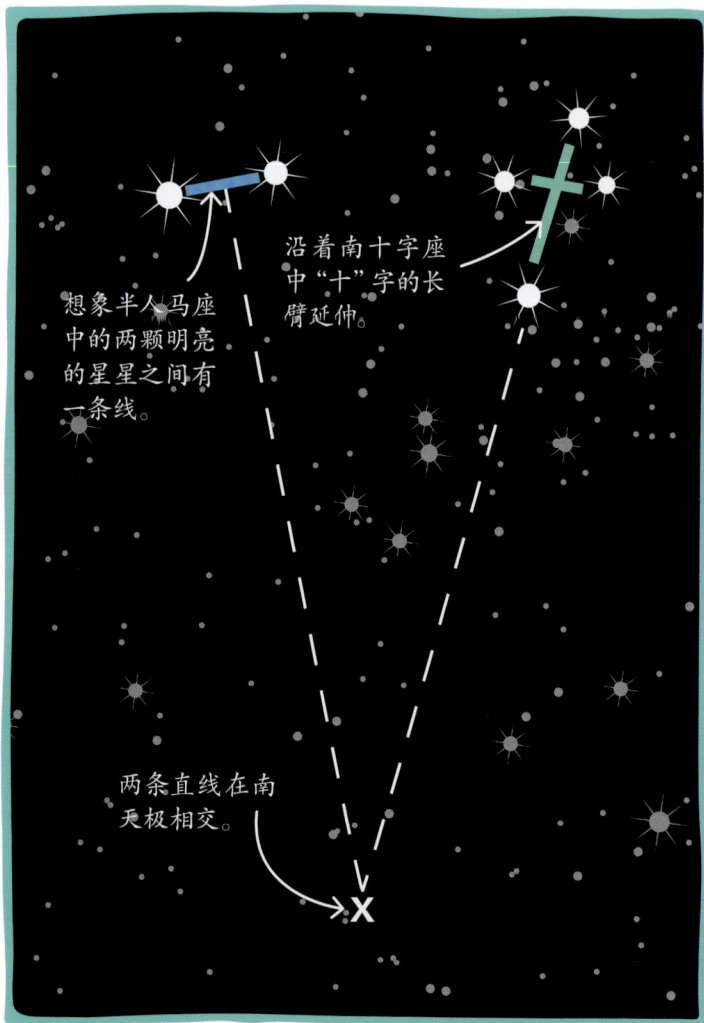

想象半人马座中的两颗明亮的星星之间有一条线。

沿着南十字座中"十"字的长臂延伸。

两条直线在南天极相交。

X

靠近南天极的恒星
绕着南天极旋转而
不会落下。

对南半球的观星者来说，
大多数恒星从东方升起，
在西方落下，在天空的正
北达到最高点。

猎户座星云是一个
明亮的气体云团，许
多新生恒星正在那
里发光。

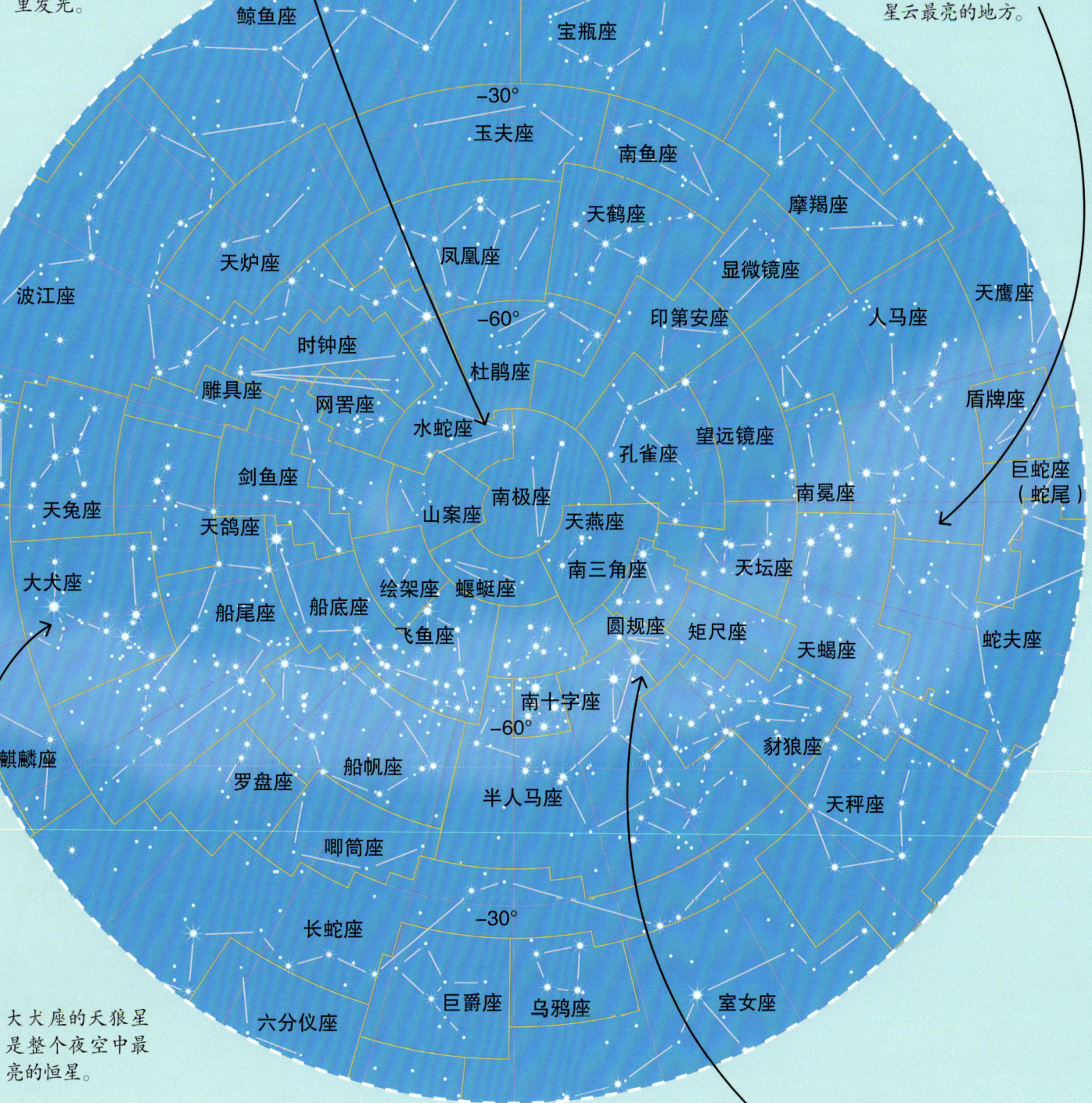

我们银河系的中心位
于人马座（又称射手
座），那里是银河系
星云最亮的地方。

鲸鱼座

宝瓶座

−30°

玉夫座

南鱼座

摩羯座

天鹤座

天炉座

凤凰座

显微镜座

天鹰座

波江座

−60°

印第安座

人马座

时钟座

杜鹃座

盾牌座

雕具座

网罟座

水蛇座

望远镜座

巨蛇座
（蛇尾）

剑鱼座

南极座

孔雀座

南冕座

天兔座

山案座

天燕座

天坛座

蛇夫座

大犬座

绘架座

蝘蜓座

南三角座

船尾座

船底座

圆规座

矩尺座

天蝎座

天鸽座

飞鱼座

南十字座

−60°

麒麟座

罗盘座

船帆座

半人马座

豺狼座

天秤座

唧筒座

长蛇座

−30°

室女座

六分仪座

巨爵座

乌鸦座

大犬座的天狼星
是整个夜空中最
亮的恒星。

半人马座的α星是
距离太阳系最近的
明亮恒星之一。

知识加油站

（注：以下词义仅限于本书的内容范围。）

半球
hemisphere
半个球体。地球被赤道分为北半球和南半球。

赤道
equator
将一颗行星分成相等的北半球和南半球的假想圆周线。

大气层
atmosphere
行星周围的一层气体。

地核
core
行星或恒星的炽热的中心。

地幔
mantle
行星或卫星的地核与地壳之间厚厚的岩石层。

地壳
crust
行星或卫星外层薄薄的固体。

对接口
dock
一艘航天器在太空中与另一艘航天器或空间站接合的地方。

辐射
radiation
以波或粒子形式发射或传输的能量，包括可见光和其他我们看不见的类型。

光年
light year
一个地球年内，光在太空中传播的距离。

光球层
photosphere
太阳的可见表面。

轨道
orbit
在万有引力的作用下，一个天体围绕另一个质量较大的天体运行的路径。

航天服
spacesuit
为航天员设计的密封防护服，可以在太空的真空环境中保护他们。

航天员
astronaut
受过在太空中旅行和生活训练的人。不过在英文里，"cosmonaut"特指苏联或俄罗斯航天员，而"taikonaut"特指中国航天员。

恒星
star
由炽热气体组成，能自己发光、发热的天体。

彗星
comet
主要由冰和尘埃构成的天体。当彗星接近太阳时，它的冰会升华成发光的彗头和彗尾。

极
pole
天体自转时保持静止的顶部和底部。

加速度
acceleration
描述速度变化快慢的物理量。

加压
pressurize
使容器密封但充满空气，使人类能够在太空中呼吸。

空间站
space station
一种大型轨道航天器，工作人员可以在其中居住数周或数月，进行研究工作。

空气阻力
air resistance
空气对在其中运动的物体的阻碍力。

流星
meteor
进入地球大气层时升温燃烧的天体。

流星体
meteoroid
围绕太阳运行的岩石、金属或冰碎粒。

流星雨
meteor shower
来自天空特定区域的很多流星。

漫游机器人
rover
在行星或卫星表面行驶的交通工具。

密度
density
一定体积内的物质的量。如果体积相同，密度较大的物体则比密度较小的物体质量更大。

面罩
visor
头盔上类似窗户的部分，佩戴者可以透过它看到外面。

模块
module
航天器中具有特殊功能的组件。

食
eclipse
一个天体进入另一个天体的阴影或暂时挡住观察者视线的现象。在日食期间，月球的阴影落在地球上。在月食期间，地球的阴影落在月球上。

太空行走
spacewalk
航天员离开航天器进入太空的行为，通常是为了维修或安装设备。

太阳
sun
距离地球最近的恒星。

太阳黑子
sunspot
有时会在太阳表面出现的暗色区域。

太阳系
solar system
太阳和所有围绕它运行的天体。

探测器
probe
无人驾驶的航天器，能访问太空中的天体并将信息发送回地球。

天球
celestial sphere
环绕地球、与地球同心的假想球体，天文学家用它来给天体定位。

天体
celestial body
宇宙中各种物质的统称。

天文学
astronomy
研究太空和太空中所有天体的学科。

天线
antenna
棒状或碟状设备，可以发射和接收无线电信号。

推进剂
propellant
一种化学物质与另一种化学物质一起燃烧产生的热气体可以为火箭提供推力。

推力
thrust
来自发动机的，可以推动火箭或航天器前进的力。

望远镜
telescope
一种使远处模糊的物体看起来更近、更清晰的仪器。

纬度
latitude
地球表面南北距离的度数。赤道的纬度为0°，北极的纬度是北纬90°或+90°，南极的纬度是南纬90°或-90°。

卫星
satellite
围绕另一个天体运行的天然天体或人造物体。

物质
matter
任何占据空间并且具有质量的物体。物质可以有多种形态，包括固态、液态和气态。

小行星带
asteroid belt
太阳系中的环状区域，位于火星和木星轨道之间，大多数小行星都在那里围绕太阳运行。

星群
asterism
形状独特的恒星集团，可以帮人们找到天上的方向。

星系
galaxy
由气体、尘埃和恒星通过万有引力聚集在一起所形成的集合。

星云
nebula
太空中由气体和尘埃构成的云，包括恒星诞生的地方。

星座
constellation
在一组恒星之间画线而形成的想象图案。每个星座占据天球的一片区域，它们将天球分为88个区域，像拼图一样拼合在一起，覆盖整个夜空。

行星
planet
围绕恒星运行的大型球状天体。

银河系
Milky Way
我们的太阳系所在的棒旋星系，从地球上看，它就像一条穿过夜空的微弱光带。

宇宙
universe
整个空间以及它所包含的一切。

月球
moon
地球的天然卫星，围绕地球运行。有时也指由岩石或由岩石和冰构成、围绕行星或小行星运行的物体。

月相
lunar phase
从地球上看，月球被太阳照亮的部分。

陨石
meteorite
坠落在行星或卫星表面的流星体。

陨石坑
crater
行星、卫星、小行星和彗星表面上的碗状凹痕。

运载火箭
launch vehicle
用于将物体（例如航天器或人造卫星）送入太空的火箭动力运载工具。

真空
vacuum
没有任何物质的空间，连空气也没有。

质量
mass
物体所含物质的量。引力将有质量的物体拉向彼此。

重力
gravity
地球表面附近物体所受到的地球引力。广义上，任何天体使物体向该天体表面降落的力，都可称为"重力"。

致 谢

出版方对以下人员在本书出版过程中所提供的帮助表示感谢：海伦·彼得斯负责创建索引；杰基·菲利普斯负责校对；米莉·休斯、普林奇佩·贝尔纳多、伊利亚·狄克逊和阿德里安娜·莫雷洛斯负责建模；塔尼娅·梅赫罗特拉负责封面设计；西蒙·芒福德负责插画；史蒂夫·克罗泽负责润色图片。

The publisher would like to thank the following:
Helen Peters for indexing; Jackie Phillips for proofreading; Millie Hughes, Principe Bernardo, Elijah Dixon, and Adrianna Morelos for modelling; Tanya Mehrotra for additional jacket design; Simon Mumford for Illustrator work; Steve Crozier for photo-retouching.

出版方感谢以下人士或机构允许在本书中使用他们的图片：
（方位词缩写：A–上方；B–下方或底部；C–中部；F–远端；L–左侧；R–右侧；T–顶端）

The publisher would like to thank the following for their kind permission to reproduce their photographs:

(Key: a-above; b-below/bottom; c-centre; f-far; l-left; r-right; t-top)

8 Alamy Stock Photo: agefotostock / Oleg Rodionov. 23 Alamy Stock Photo: Susan E. Degginger (b). 24 Alamy Stock Photo: Nadia Yong. 29 Alamy Stock Photo: StockStudio (br). 30-31 Alamy Stock Photo: Valentin Valkov. 37 Dorling Kindersley: Gary Ombler / Whipple Museum of History of Science, Cambridge (br). 38 Alamy Stock Photo: Khanisorn Chalermchan; Zoonar GmbH / Michal Bednarek (b). 42 Dreamstime.com: Karakedi74; Pixelgnome (bc). 43 Dreamstime.com: Stocksolutions (bl). 45 Dreamstime.com: Stocksolutions (tl). 57 Dorling Kindersley: Satellite Imagemap / Planetary Visions (br). 60 ESA: Hubble & NASA (t, bl); Hubble & NASA, P. Cote (br). 61 ESA: Hubble & NASA, J. Lee and the PHANGS-HST Team (tl); NASA and The Hubble Heritage Team (STScI / AURA) (cl); Hubble & NASA / J. Barrington (bl). 64-65 Alamy Stock Photo: Rui Santos. 73 Dorling Kindersley: Jason Harding / NASA (b). 74-75 Alamy Stock Photo: Stocktrek Images, Inc.. 74 123RF.com: leonello calvetti (b). 84-85 Alamy Stock Photo: Buradaki. 85 NASA: (br). 91 ESA: NASA (br). 100-101 Alamy Stock Photo: dotted zebra. 109 NASA: (cb); Regan Geeseman (crb); Kim Shiflett (br). 110-111 Alamy Stock Photo: Science Photo Library. 119 NASA: (tr, bl, bc); Roscosmos (c); Cory Huston (br). 120 Alamy Stock Photo: James Thew. 125 NASA: (br). 126 NASA: (bc). 136 Dreamstime.com: Stocksolutions (bl). 140 Dreamstime.com: Stocksolutions (tl). 144 Shutterstock.com: vchal. 145 Dreamstime.com: Stocksolutions (cl); Terracestudio (cla). 146 Alamy Stock Photo: Imagebroker / Arco / W. Rolfes (b). 146-147 Getty Images: Tom Grubbe (t). 148 Alamy Stock Photo: Erkki Makkonen (b). 150 Dreamstime.com: Solarseven (b). 151 Alamy Stock Photo: Imaginechina Limited (br); Stocktrek Images, Inc. / Jeff Dai (t). 152 NASA: (cla). 152-153 123RF.com: Boris Stromar / astrobobo

其他所有图片版权归DK公司所有。
All other images © Dorling Kindersley